KB079528

과학사의 새로운 관점

과학사의 새로운 관점
세계사를 중심으로

초판 1쇄   1979년 06월 05일
개정 1쇄   2022년 01월 11일

지은이 샤 세이키
옮긴이 오진곤 • 손영수
펴낸이 손영일
디자인 장윤진

펴낸곳 전파과학사
등 록 1956. 7. 23. 등록 제10-89호
주 소 서울시 서대문구 증가로 18, 204호
전 화 02-333-8877(8855)
팩 스 02-334-8092
이메일 chonpa2@hanmail.net
홈페이지 www.s-wave.co.kr
공식 블로그 http://blog.naver.com/siencia

ISBN   978-89-7044-998-2 (03400)

과학사의 새로운 관점

세계사를 중심으로

샤 세이키 지음

오진곤·손영수 옮김

전파과학사

여러분은 이 책의 결점을 쉽게 지적할 수 있을 것이다. 솔직하게 말해 불비한 점이 많다는 것을 스스로 느끼고 있다. 그러나 이 책을 통해 다른 과학사 책에서는 찾아볼 수 없는 생생한 점을 발견할 수 있을 것이라고 믿는다. 또 종래의 과학사의 테두리를 벗어나려는 필자의 강한 의욕을 감지할 수 있을 것이다. 그것이 어느 정도 성공했는지는 여러분의 판단에 맡길 수밖에 없다.

이 책에서 언급하는 것은 과학사만의 문제가 아니고 사상사, 문명사, 세계사의 여러 문제와도 깊이 얽혀져 있다. 사실 필자는 전공하고 있는 세계사를 기반으로, 사상사, 종교사와의 관련 속에서 과학의 역사를 고쳐 파악하려고 시도했다. 조금이나마 과학사에 대해서 뿐만 아니라 사상사, 일반사에 관심을 두고 있는 독자에게도 많은 자극을 주게 될 것을 기대하고 있다.

종래에는 「근대 이전의 과학은 빈약한 것이며, 근대에만 과학이 두드러지게 진보했다」, 「근대과학사상은 지극히 뛰어난 것이다」, 「과학에 반하는 종교는 전근대적이다」 등의 사고가 상식처럼 여겨져 왔다. 그러나 과연 그럴까?

1970년대에 접어들어 세계의 양상이 일변하고, 과학의 위기가 인식되어, 종래의 가치관이 두드러지게 흔들리기 시작했다. 또 과학사에서는 최근 여러 가지 새로운 견해가 발표되고 있다. 이런 시점에서, 필자가 최근에 얻은 약간의 과학사상의 수확과 또 과거 10년간의 다양한 실천 활동과 결부시켜 공부해온 세계사 및 철학, 종교의 지식을 토대로 과학의 역사를 재구축하는 것은, 만약 그것이 조금이라도 전진을 가져오는 것이라면 뜻있는 일일 것이다. 이 책에서는 마지막에 현재 우리가 어떤 시점에 있으며, 과학과 문명은 어떤 방향으로 향하게 될까를 고려해 보려고 애썼다. 이 책이 과학사를 중심으로 한 몇몇 분야에 조금이라도 공헌할 수 있다면 다행한 일이다.

　또 이 책은 야부우치 선생을 비롯한 많은 과학사 연구자의 최근의 연구 성과에 힘입은 바가 크다. 야부우치 선생을 비롯하여 도움을 준 연구자에게 경의와 감사를 표명하고 싶다.

샤 세이키

목차

머리말

1장 | 전환기에 선 근대과학   **9**
막다른 현대과학   10
국민으로부터 유리된 과학   15
과학과 종교의 관련   20
서구중심주의에 대한 의문   24

2장 | 고대 과학사를 보는 새로운 관점   **30**
오리엔트의 시대   31
유라시아의 문화혁명기   38
고대 대제국의 시대   52

3장 | 중세 아시아 과학의 영광   **69**
왜 이슬람에 주목하는가   70
이슬람의 영광   76
이슬람 과학의 조류   80
놀라운 송대의 의학   93
송의 시민사회와 수학   101

4장 | 아시아 과학 문명의 유산   **111**
이슬람 과학의 섭취   112
근대정신의 기원   118
동방의 유산   124

5장 | 근대과학의 성립과정　　　　　　　**129**

근대과학의 연구방법　　　　　　　　　　　130

성서에서 물리법칙으로　　　　　　　　　　143

6장 | 아시아 과학 문명의 영광과 좌절　　**151**

아시아의 과학 문명을 쇠퇴하게 한 것은 무엇일까?　152

서구 근대과학의 가능성과 한계　　　　　　159

7장 | 근대과학의 흐름　　　　　　　　　**167**

18세기까지의 과학　　　　　　　　　　　168

19세기의 과학　　　　　　　　　　　　　176

8장 | 20세기 과학의 전망　　　　　　　**191**

20세기의 과학　　　　　　　　　　　　　192

컴퓨터 시대로　　　　　　　　　　　　　199

고분자의 세계　　　　　　　　　　　　　206

생명의 수수께끼에 대한 도전　　　　　　　211

9장 | 현대과학 재생의 가능성　　　　　　**219**

새로운 산업사회의 위기　　　　　　　　　220

새로운 역사적 단계　　　　　　　　　　　226

근대과학의 한계　　　　　　　　　　　　230

근대과학을 넘어서　　　　　　　　　　　235

부표 / 역자후기 / 참고문헌

1장

전환기에 선 근대과학

막다른 현대과학

무너진 과학 문명의 신앙

1970년 봄 오사카에서 열린 일본 만국박람회는 풍요한 물자와 기능(機能)주의 문명을 소리 높이 구가했다. 센리(千理)구릉 100만 평의 광대한 땅에 1조 엔(당시 한화 2조 5000억 원 해당)을 투자해서 건설한 갖가지 대기업의 전시장은 정말로 장관이었다. 수많은 전시장 안에서 최신 일렉트로닉스 기술을 구사해서 연출한 환상적인 음향과 빛 그리고 영상은 밝은 미래를 과시했다. 이른바 "장밋빛 생활", "꿈의 미래도시" 등을.

그러나 아이러니하게도 때마침 만국박람회 개최 중 많은 공해소동이 잇따라 신문에 보도되었다. 각지의 공해병 환자의 비참한 상태, 대도시의 대기오염, 일본 열도 연안의 놀라운 오염이 연달아 보도되었다. 근대 문명이 썩어 좀먹어 들어가고 있는데도, 어째서 1970년 초기까지 과학의 진보에 의한 미래의 장밋빛이 구가되어 왔을까? 지금까지 「과학의 진보는 인류의 행복이 된다」라고 믿어졌던 것이 바야흐로 근대과학 문명에 대한 신앙을 크게 뒤흔들게 된 것이다.

비합리주의의 대두

「염력(念力)으로 스푼이 휘어지느냐 아니냐」는 이상한 초능력 붐이 솟

구쳤던 1974년 여름의 일이다. 독일에서는 몇몇 과학자가 초능력을 가졌다는 세 소년의 염력이 스푼에 미치는 영향을 측정했던바 「스푼은 조금도 휘지 않았다」라고 보고되었다. 이에 관해서 많은 소년들이 분개하고 「히틀러식 방법으로 초능력을 망가뜨리려 하고 있다」라고 부르짖었다. 서양에서의 초능력 붐은 일본보다도 더 두드러졌다. 과학적 측정방법이 어째서 히틀러식과 관계되는지 괴상한 이야기지만, 이 사실은 청소년들의 비합리주의에 대한 강력한 동경을 나타내고 있다.

당시 일본에서도 많은 과학자가 염력으로 스푼이 휘어진다는 것을 부정했다. 그러나 그래도 스푼이 휘어지는 것을 목격했다는 사람이 적지 않았고, 설사 스푼이 휘어지지 않더라도 모든 초능력 현상을 모조리 부인하기는 어렵다. 미국이나 소련(현 러시아)의 과학자들은 투시 능력과 텔레파시에 대해 많은 실험을 했으며, 특히 투시 능력에 대해서는 많은 성과를 얻고 있다(이를테면 미국의 G.P.라인 박사는 이 방면의 연구로 유명하다). 또 예지능력에 이르러서는 많은 사람이 일상생활에서 자주 여러 가지 일을 경험하고 있다.

대부분의 노벨상 수상자들이 말한 것처럼 「ESP(텔레파시, 예지능력, 투시 능력의 총칭)는 거짓은 아니지만, 현재의 과학은 아직 이 현상을 해설할 수 있는 단계에 이르지 못하고 있다.」

현대과학에 등을 돌리는 신비적인 것, 비합리적인 것에 대한 동경은 뿌리가 깊은데, 1970년대 후반에는 더욱 확대되기만 했다. 한편 70년대에 접어들면서 종교서적, 특히 불교서적이 많이 팔리고 있다. 분명히 70년대

그림 1 | 과학기술의 꿈을 구가한 일본 만국박람회

에는 더욱 비합리주의가 두드러지며, 60년대까지의 과학 만능 풍조와는
취향이 달라지고 있다.

「그러나 비합리주의 붐은 과거에도 있었다」라고 할 사람이 있을지도
모르지만, 70년대에 접어들면서 비합리주의의 조류는 이전보다 훨씬 뿌리
깊어 이전의 붐과는 근본적으로 달라져 있다. 그 까닭은 첫째, 공해가 심
각해지고, 기능주의 사회 속에서의 정신의 침해가 증대하여, 근대과학 문
명에의 실망이 일어나고 있기 때문이다. 즉 과학 문명이 큰 전환점에 도달
하고 있는 것이다.

또 하나는 정치적, 문화적 의미에서도 서양이 후퇴하고 있고, 제3세력
이 힘차게 대두되고 있는 역사의 동향이다. 근대 서양 사람들이 신비적이
라고 했던 아시아, 그리고 다른 의미에 있어서 신비적 색채가 강한 아프리

카와 라틴아메리카가 국제 정치 무대에 진출하고, 또 세계문화의 형성에 참여하고 있다. 제3세계 사람들은 근대 서양이나 근대 일본과는 달리 종교심이 깊고, 근대 합리주의(철저한 합리주의)에 반발하고 있는 것이다.

그렇다고 해서, 역사가 합리주의에서 비합리주의로 향해 흘러가고 있다고는 단순하게 말할 수 없을 것이다. 오히려 인간성에 반하는 극단적인 합리주의(근대 합리주의)에서 인간중심주의(정상적인 인간의 모습은 합리와 비합리의 균형에서 이루어진다)를 지향하는 과도기 현상으로서 일시적으로 비합리주의가 강하게 나타나고 있는 것이 아닐까?

근대과학이 가져온 것

근대과학기술의 혜택을 입은 것은 사실 선진제국의 사람들뿐으로 소수의 인류에 불과하다. 그리고 그것은 인류 태반의 희생 위에서 만들어진 혜택이었다고 해도 과언이 아니다. 이 일을 1960년대까지 선진 여러 나라 사람들은 간파하고 있었던 것이다. 대부분의 인류에게 근대는 비참한 시대였고, 후퇴의 시대였다.

근대과학은 인류의 소수자에게 영광, 풍요, 편리, 행복을 가져다주었으나, 대부분의 인류는 근대과학기술로 무장된 세력 앞에 굴복당하고 비참한 세월을 보냈으며, 지금도 그 상처가 깊이 남아 있다.

그러나 「그것은 정치에 책임이 있는 것이지, 과학의 책임이 아니다」라고 할지도 모른다. 확실히 첫 번째 책임은 정치에 있다는 것을 부정할 수 없다. 그러나 모든 일을 정치에 돌릴 수는 없을 것 같다. 공해 문제, 인구과

잉, 식량 위기, 자원 부족 등으로 인해 인류는 21세기에 들어가면 멸망할지도 모를 상황으로 몰려 있지만, 이 위기는 정치, 경제의 문제만이 아니라 현대과학의 본성과도 깊이 관련된 것처럼 생각된다.

그러나 우리는 근대과학을 버릴 수 없고, 「과학은 악」이라고 몰아붙일 수도 없을 것이다. 오히려 근대과학 속의 어느 부분이 나쁜가를 찾아내지 않으면 안 되는 것이다.

국민으로부터 유리된 과학

확대되는 국가권력

1935년에서 1975년에 이르는 40년 동안에, 일본의 물가는 1,000배나 뛰어올랐지만, 같은 기간에 국민의 납세는 10,000배나 상승했다. 즉 국가에 대한 국민부담은 40년 동안에 10배가 늘어난 것이다. 그러나 1935년이라면 전쟁의 먹구름이 고조되고, 군사비가 높은 비율을 차지하고 있는 데 반해서, 오늘날 일본의 국가 예산에서 차지하는 국방비는 훨씬 낮을 것이다.

이 단순한 숫자는 정부가 사용하는 돈이 급속히 증대했다는 사실을 나타내고 있다. 대체 무엇 때문에 이렇게 많은 돈이 필요할까?

그러나 정부 예산의 급증은 굳이 일본만의 일이 아니고 많은 나라에서 볼 수 있는 공통된 현상이다. 그 까닭은 오늘날의 정부는 거대한 기구로 이루어졌고, 또 민간인으로는 감당할 수 없는 거대한 많은 개발을 정부가 담당하며, 다액의 연구개발비를 지출하고 있기 때문이다. 어떤 나라들에서는 1930년대부터 정부가 담당하는 개발비와 연구비가 차츰 늘어나고 있지만, 제2차 세계대전 후의 증가는 두드러진다.

여기서는 연구개발비만 한정해서, 데이터가 분명한 미국의 경우를 예로 들어 말하겠다. 1961~1962년(미국의 예산은 7월에서 이듬해 6월까지를 1년분으로 한다)의 1년간 미국 전체의 연구개발비는 147억 달러였는데, 그중 96억 달러가 연방정부의 여러 기관에서 지출되었다. 정부가 연구개발비의 3분의 2를 조달하고 있는 셈이다. 연구개발비는 해마다 늘어나서 1970~71년에는 미국 전국의 연구개발비가 271억 달러였고, 그중 연방정부의 지출은 147억 달러에 달하여, 여전히 3분의 2 정도를 차지하고 있다.

국민이 모르는 사이에

이와 같은 거액의 연구개발비는 대체 어떻게 쓰였을까?

원자폭탄을 예로 들어 살펴보자. 1942년 당시 루즈벨트 대통령(1882~1945)은 원자폭탄의 연구개발을 결정했는데, 그 동기는 그것을 권고했던 아인슈타인의 서한에 있었고, 대통령의 결정에 영향을 준 것은 극히 소수의 사람들이었다. 20억 달러의 연구개발비를 투입해서(당시의 20억 달러는 지금의 200억 달러 이상이다) 1945년 7월 말에 폭발실험에 성공한 원자폭탄이 8월 상순에 곧 사용되었는데, 그 참화는 이미 잘 알려진 사실이다.

원자폭탄의 경우는 전쟁 중이어서 비밀의 유지가 필요했지만, 1949년 미국의 수소폭탄개발 결정의 경우는 어떠했을까? 여전히 소수 과학자와 정치가에 의해 결정되지 않았던가.

소련의 경우는 더욱 심하다. 소련의 원자폭탄과 수소폭탄은 모두 전후에 개발되었는데, 국민에게는 아무것도 알려지지 않았다. 로켓의 개발도 그렇다. 1957년 6월, 소련은 ICBM의 발사 성공을 발표해서 미국을 당황하게 했는데, 그때까지 소련의 로켓 개발 상황을 알고 있었던 사람은 극히 적었다. 국민에게 상의가 없었던 것은 물론 일체가 비밀로 되어 있었다.

민중에서 멀어지는 과학

제1차 세계대전 후까지만 하더라도, 과학과 정치의 관계는 아직 간접적이어서, 미국에서조차 정부 고문의 과학자가 아직 없었다. 정부는 사기업이 우연히 이루어 놓은 과학기술 개발을 필요에 따라 채택하는 정도였다. 그러나 제2차 세계대전 때부터 사정이 바뀌었다. 민중에 대한 정부의 권력이 두드러지게 증대했을 뿐 아니라 정부와 손을 잡은 과학 엘리트라

그림 2 | 일반 대중으로부터 유리된 과학기술의 개발이
진행된다(아폴로 17호의 월면차)

는 새로운 지배자가 등장한 것이다. 정부 지도자가 과학 엘리트와 상의한 뒤, 특정의 과학기술이 우선되고, 특정 항목에 정부가 방대한 투자를 하게 되었다. 미소의 원수폭, 로켓 개발은 그의 전형적인 예이다. 과학기술은 이 전의 전통에서 벗어나 국익에 봉사하게 된 것이다,

이 경우 민중은 과연 얼마큼 반대를 할 수 있을까. 오늘날 과학의 수준은 고도화되었고 독점적, 비밀적 성격을 강화해가고 있어 많은 과학지식은 일반 대중의 손이 미치지 못하는 것이 되어버렸다. 20세기 초까지는 과학자가 어떤 결론을 내놓더라도 일반 대중은 그것을 자기의 머리로 생각해서 자기 지식과 비추어볼 능력을 가지고 있었으나, 오늘날에는 벌써 이런 일은 어렵게 되었다. 중요한 결정에 대해서 일반 대중이 참가할 수 있는 여지는 상당히 좁혀지고 있다.

체제화하는 과학자

지금 말한 과학 엘리트와 거대한 권력을 가지고 있는 정부와의 결탁, 특정 분야(특히 군사에 관계되는 방면)에 대한 방대한 투자, 그것들의 민중으로부터의 격리는 거대국가인 미소(미국과 러시아), 또는 준거대국가인 중공에 있어서 현저하지만, 일본 등의 경우는 그다지 그렇지 않다고 할지도 모른다. 확실히 일본은 이른바 거대국가의 경우와는 다르며, 어떤 의미서는 더욱 자유롭다.

그러나 일본의 과학기술자가 다른 나라와 마찬가지로 산업기구에 예속할 경우, 또 민중에서 떨어진 아카데믹한 연구에 종사하는 경우에 많은 연

구상의 편의가 주어지고, 출세의 기회가 제공되고 있다.

과학기술자가 연구하는 과제는 일반적으로 민중의 이익으로부터 떨어져 있다. 왜냐하면 산업상에서의 요구, 또는 학계에서 유행하는 테마의 연구에 종사하면 과학기술자에게 많은 편의가 주어지기 때문이다.

과학자들은 출세가도를 달리고 싶어서 대개는 체제 내에 끼어 들어가 활동한다. 출세하기 위해서는, 학문에는 거의 기여하지 못하며, 사회에 공헌이 적은 수많은 논문을 만들어내지 않으면 안 된다. 왜냐하면 출세하는 데는 많은 논문이 요구되고 있으므로 독창성 있는 논문은 사실상 몇 %에 불과하다. 90% 이상의 논문은 학문을 위해서도 아니고, 사회를 위해서도 아니고, 단적으로 말한다면 과학자의 출세를 위한 제품이다. 따라서 과학자들은 과학을 위해서라는 대의명분 밑에서 전반적으로 금전과 시간을 낭비하고 있는 것이 아닐까. 그러나 체제 내의 과학자들은 이 같은 일에 대해서 발언할 용기가 없고, 또 과학을 모르는 비전문가는 과학계의 내부사정을 모르기 때문에 이와 같은 모순을 알아차리지 못한다.

과학과 종교의 관련

점성술사 케플러

케플러의 일기나 저서를 보면, 케플러가 완고한 중세적 신비사상의 소유자였다는 것을 알 수 있다. 그는 저서(『세계의 조화』)에 이렇게 적고 있다.

「신 자신은 매우 친절하신 분이기 때문에 무엇인가 하지 않고서는 참지 못하여, 세계에서 자신이 좋아하는 것을 보여주고 나타내는 게임을 시작하셨다. 그러므로 모든 자연과 우아한 하늘은 기하학에 의해 상징되고 있는 것이라고 나는 생각하게 되었다.」 케플러는 신이 기하학적인 질서에 의해서 우주를 만들었다고 믿었기때문에 열심히 별의 움직임을 연구했

그림 3 | 케플러

던 것이다. 초기의 저서인 『우주의 신비』 (1597)에는 더 놀랄만한 일이 적혀 있다. 그 일부를 인용하면 「… 모든 행성궤도의 중심에 유일하게 활동하는 영혼, 즉 태양이 존재하고, 그 힘은 행성이 가까우면 가까울수록 강력하게 작용하지만…」

이 케플러의 태도나 신비적인 사고는 그 후에도 변하지 않았다. 유명한 케플러

의 제3법칙이 발견된 뒤에 이어진 『세계의 조화』(1619)에서 인용해 보자. 「나는 천계의 조화라는 신성한 광경을 앞에 두고, 정말 말도 못 할 만큼 환희에 젖어 넋을 잃었다」, 「나는 신에 대한 광란에 빠졌다…」

신학자 뉴턴

자연과학의 역사에서 아이작 뉴턴(1642~1727)의 『프린키피아』(1687)를 넘어서는 위대한 저서는 아마 없을 것이다. 이 저술에 의해서 지상의 물체 운동도 천체(행성)의 운동도 모두 동일원리로 수학적으로 설명이 가능하게 되었다. 뉴턴은 자연현상을 단순한 역학법칙으로, 기계적으로 잘 설명할 수 있다는 것을 보였다는 뜻에서 데카르트와 더불어 기계적 자연관을 대표하는 과학자라고 간주되어 왔다. 기계적 자연관에 의하면 「신의 의지나 인간의 주관에 관계없이, 자연현상은 객관적인 역학법칙을 토대로 기계적으로 움직인다」는 것이다.

뉴턴은 전형적인 근대 합리주의자라고 알려져 왔다. 그런데 1941년에 계량경제학(計量經濟學)의 아버지라고 할 존 케인즈(1883~1946)는 뉴턴이 쓴 노트를 연구한 뒤, 뉴턴은 기계론보다도 중세적인 연금술의 전통 속에 있었다고 결론을 맺고 있다. 「왜 내가 뉴턴을 마술사라고 부르는가?」라고 케인즈는 묻고 그에 대답하고 있는데, 그 마지막 부분에서 이렇게 말하고 있다.

「그는 우주를 전능하신 신에 의해 만들어진 암호문에 불과하다고 보고 있었는데… 순수한 사고와 정신의 집중에 의해 이 수수께끼는 그것을 묻는 사람에게 계시된다고 그는 믿고 있었다.」

원래 뉴턴의 『프린키피아』의 원명은 「자연철학의 수학적 원리」이며, 과학은 철학의 한 분야라고 생각하고 있었다. 같은 사람이 과학과 철학을 함께 연구했던 것이다. 그뿐 아니라, 대개의 경우 신학과 철학의 구별도 명백하지 않아, 같은 사람이 신학도 철학도 과학도 연구하는 일이 많았다. 뉴턴도 그러한 사람이었다. 뉴턴은 과학 연구만큼 신학 연구에도 열중했다. 그러나 그의 신학 연구에서는 큰 성과가 없었던 것으로 평가된다. 또 과학 중에서도 화학의 연구에서는 많은 시간을 들였는데도 불구하고 두드러진 성과가 없었으며, 물리학과 수학에 있어서만 대성한 것이다.

H. 커니는 이렇게 적고 있다.

「우리에게 있어서, 뉴턴의 발견의 의미는 세계는 모두 기계라는 결론을 가리키고 있다. 그러나 뉴턴은 그렇지 않다는 것을 주장하고 있었다. 그는 신이 언제나 우주의 지속에 열중하고, 재앙을 가져올 수 있는 어떠한 사소한 과오라도 언제나 바로잡고 있는 존재라고 간주했다. 뉴턴의 신은 기계가 아니었다.」

신비사상과 과학

근대(전반)의 서양 과학(자)에 대해서 말했지만, 그 이전의 과학의 진보에서 신비사상의 역할은 더 큰 것이다. 첫째 이슬람의 과학자들은 근대 이전의 자연과학의 발전에 두드러지게 공헌했고, 이들의 성과를 주춧돌로 해서 이른바 근대과학이 성립 발전되었는데, 그 이슬람 과학에는 신비적인 색채가 농후했다. 이슬람의 가장 대표적인 과학이 연금술과 점성술이었던 사실에서도 그 사정을 알 수 있지만, 연금술은 화학을 발전시키고, 점성술은 천문학을 진보하게 했던 것이다.

중국에서는 연금술을 대신해서 연단술(錬丹術)이 많이 연구되었다. 연단술이란 불로불사의 선약(仙藥)을 만드는 일로, 선약의 중심이 되는 것은 수은화합물인 「4단(丹)」이다. 신선술(神仙術)의 연구는 기원전 4세기의 전국시대부터 행해지고 그 연구자는 빙사(方士)라 불리고 있었다. 연단술 연구는 도교(道教)와 결부되어 한(漢)시대, 다시 내려와 남북시대(4~6세기)에도 행해지고 있었지만, 이 계통의 연구자로부터 천문학, 화학, 약학의 많은 연구성과가 생겨났다. 특히 주목되는 것은 화약의 발명이다. 도교의 경전을 연구한 빙가승(馮家昇)이라는 학자는 「초석, 황, 목탄을 혼합하는 흑색화약이 당(唐)대에 도교사상의 연구자에 의해 만들어졌다」라는 것을 입증하고 있다.

서구중심주의에 대한 의문

뒤지고 있었던 유럽

10세기 이전의 게르만 사회에서는 한 알의 보리를 뿌려 두 알을 수확했다. 두 알 중 한 알은 종자로 사용되기 때문에, 해마다 뿌린 종자와 같은 만큼의 보리밖에 먹을 수 없었다. 이것으로는 도저히 식량을 충당할 수 없기 때문에, 게르만 민족은 목축을 첫째로 하고, 농업은 오히려 부업으로 쳤다. 11세기에 아시아의 기술을 이용해서, 이른바 농업혁명이 일어나 농업이 특히 진보했지만, 그래도 한 알을 파종해서 4~5알을 수확하면 좋은 편이라고 했다. 11세기의 농업혁명으로 오히려 말이나 수차를 이용함으로써 일의 효율이 높아졌다는 것이 중요했다. 따라서 11세기 이후에서도 목축은 이미 중요한 비중을 차지하고, 유럽 사람은 해마다 대량의 가축을 죽여 고기로 오랫동안 보존하여 먹고 있었다. 그 때문에 아시아산 후추가 필요했다. 역사책에 나오는 동양 무역이라고 하면 맨 먼저 오르는 것이 후추다. 아니, 차라리 필사적으로 후추를 구해 동양 무역을 개척했다고 하는 것이 좋을지도 모른다.

11세기의 농업혁명 이후, 유럽의 인구는 급증하고, 상공업의 발달로 11세기에 겨우 유럽 내부에 많은 소도시가 탄생했다. 그러나 12세기 유럽의 도시인구는 거의 3천 명 이하였다. 13세기에는 5천 명을 넘는 도시가

많아졌지만, 인구 1만에 이르는 도시는 아직 거의 존재하지 않았다(역사
조건이 다른 이탈리아를 제외하면).

그래서 13세기에 아시아를 일주하고 이탈리아로 돌아온 마르코 폴로
(1254~1324)의 견문기를 유럽 사람들이 신용할 수 없었던 것도 충분히 이
해가 가는 일이다. 마르코 폴로에 의하면 중국에는 인구 수십만의 도시가
몇이나 있고, 항주시(抗州市)는 인구 4백만을 넘는 대도시라는 것을 스케
일이 작은 유럽 사람들은 도저히 이해할 수 없었다. 마르코 폴로는 "100만
의 허풍쟁이"라는 욕을 들었다.

이와 같이 낙오되어 있던 유럽은 유라시아의 두메산골이라고 해도 무
방했다. 따라서 중세 1000년 동안에, 설사 근대로의 싹이 중세 후기에 나
타나고 있었더라도 유럽은 세계의 구석진 시골이었다. 이 1000년 동안의
과학기술사나 사상사 또는 미술사를 저술할 때 유럽을 중심으로 하는 것
은 지나친 편견이라고 하지 않을 수 없다. 하물며 종래 많은 과학사 책에
서 볼 수 있듯이, '중세과학사=중세유럽과학사'라고 하는 것은 오류도 이
만저만 심한 것이 아니다.

고대 과학사의 재검토

종래에 고대 과학사는 그리스 과학에 중점을 두고, 그리스 이전(오리엔
트 과학)을 간단하게 설명하여, 고대 그리스와 같은 시대의 다른 지역(중국
이나 인도 등)의 공헌은 무시되고 있다. 여기서 첫째로 묻고 싶은 것은 그
리스 과학을 성립시킨 것이 무엇이었느냐 하는 것이다. 그리스 과학은 어

그림 4 | 활발한 그리스 문명이 있게 한 것은…

떤 기반 위에 형성된 것일까라는 점이다. 거기에 이르기까지의 긴 발자취야말로 과학사에서 중요한 과제가 아닐까.

기원전 3500년쯤에 메소포타미아에서 나타난 도시 문명의 개화 이후에만 주목하더라도, 그리스 과학 또는 그리스 문화가 찬연하게 빛나기 위해 실로 3000년간의 축적이 존재했던 것이며, 그리고 이 거대한 축적에 공헌한 것은 아시아와 아프리카 사람들이지 유럽 사람은 아니었다라는 것을 알 수 있다.

다음과 같이 표현할 수도 있을 것이다. 도시 문명이 탄생하고 나서 기원전 7세기에 이르는 약 3000년 동안에, 광대한 아시아와 아프리카에 다양한 문명이 개화했는데, 이 오랜 시간 동안 구석진 시골 유럽에는 아시아, 아프리카와 비교할 수 있을 만한 문명이 거의 존재하지 않았다는 사실에 주목하지 않으면 안 될 것이다.

두 번째로 중요한 것은 고대 그리스 문명이 광채를 발하고 있었을 때, 유라시아의 각지에서 그리스와 대등한 화려한 문명이 만발하고 있었다는 일이다. 자연과학에 관해서 보면, 당시의 그리스 주변의 과학이 화북(華北, 중국 본토와 북부)보다 진보해 있었다고는 도저히 말할 수 없는 것이다. 예를 들어 당시의 의학에 대해 양자를 비교해 보자.

그리스의 히포크라테스(기원전 460~377)는 서양 및 일본의 역사책에서 의학의 아버지라고 불리고 있다. 히포크라테스는 기원전 400년쯤의 인물로, 그 이전에 의사라고 불리던 사람들이 기도나 주문으로 병을 고치려 했지만 히포크라테스는 합리적인 지식에 바탕을 두고 질병을 치료하려고 힘썼다.

물론 당시는 신체에 대한 지식이 극히 제한되어 있었다. 히포크라테스의 학설에 따르면, 체내에는 네 종류의 액체, 즉 혈액, 점액, 황색담즙, 흑색담즙이 있고, 모든 병은 이 네 체액의 상호균형이 흐트러질 때 일어난다. 오늘날의 의학과 비교했을 때 호의적으로 해석하면 약간의 이치도 존재한다고 하겠지만, 당시 중국(전국시대)의 의학과 비교하면 그 차이에 놀라게 된다.

그 무렵 중국 최대의 명의 편작(扁鵲)은 「병은 오장(간, 심, 비, 폐, 신)의 부조화에서 일어난다」라고 말하고, 또 오장 다음에 중요한 것으로서 담, 위, 대장, 소장, 방광, 삼초(三焦)의 여섯은 육부(六腑)라 불렀다. 오장육부 중에서 실존하지 않는 것은 삼초뿐이다. 의학에서는 당시 화북이 그리스 주변보다 뛰어났었다는 것을 쉽사리 이해할 수 있을 것이다.

실제 치료에서도 중국이 훨씬 진보하고 있었다. 그 무렵의 중국에서는

그림 5 | 히포크라테스

이미 맥진(脈診, 맥의 상태를 보고 병을 판단하는 것)이 실시되고 있었고, 또 치료법으로 약물의 사용 이외에 침, 뜸, 찜질 등이 흔히 행해지고 있었다.

로마시대에 대해서도 언급해 보겠다. 로마는 고대에 최대, 최강의 제국이었고, 따라서 기원 원년 전후의 역사는 로마사를 중심으로 기록하는 일이 많다. 과학사의 경우도 당시의 세계에서 로마만 들추어 기술하는 것이 과학사가의 습관처럼 되어 있다. 그러나 로마의 특색은 법률이나 토목기술에 있었으며 과학에는 없었다. 과학에 관한 것이라면 더 진보한 광대한 아시아를 무시할 까닭이 없는 것이다.

중세 의학과 이슬람의 위치

중세에 관해서도 한 가지 이야기해 보자. 13세기에 유라시아의 대부분을 지배한 몽골제국이 건설되었다는 것은 잘 알려져 있지만, 몽골은 중국보다도 서양계 문물을 중시했다. 한 가지 원인은 중국 문명에 대한 몽골의 편견에서 왔다. 그러나 당시 중앙아시아와 서아시아(이슬람 지역)의 문명도 중국 못지않게 번영하고 있었다. 1271년에 쿠빌라이(몽골 국왕, 1260~1294 재위)는 회회천대(回回天台)라는 세계에서 가장 오래된 천문대를 설립했는데, 그때 장관으로 이슬람의 자마르틴이 초빙되었다. 이슬람에서 천문학은 상당히 발달하고 있었기 때문에 당연한 일이지만, 놀랍게 도 몽골은 이슬람 의학을 동경하여 수도 북경(北京)을 비롯한 도처에 이슬 람식 병원을 설치했다. 또 1270년, 북경에 광혜사(廣惠司)라는 관청이 설 치되고, 여기서 황제를 위한 이슬람 약제가 조제되었다. 의학이라면 자기 나라의 한방의학이 상당히 뛰어났을 터인데, 대체 이것은 어찌 된 일일까.

아마 당시의 중국 의학은 이슬람에 뒤지지 않았겠지만, 이슬람 의학 의 수준이 높았다는 것은 다음 예로도 알 수 있다. 11세기 초에 아비케나 (980~1037)가 저술한 『의학전범(醫學典範)』은 12세기에 라틴어로 번역되 었는데, 이 책은 16세기까지 유럽에서 가장 권위 있는 의학서로서 각지의 의학교에서 교과서로 사용되었다. 몽펠리에 의학교에서는 1650년대까지 도 『의학전범』을 교과서로 사용했다. 이 책은 세계의 의학서 중에서 역사 적으로 보아 가장 영향이 큰 것이라고 말하고 있다. 또 아비케나와 같은 시 기에, 후기 우마이야조(朝)의 궁정 의사였던 아브 알카심(1013년 사망)은 방대한 의학백과전서를 저작했다. 책의 내용 중 외과에 관한 부분은 『의학 필휴(醫學必携)』라는 이름으로 라틴어로 번역되어 오랫동안 외과 의학의 가장 권위 있는 지도서로서 유럽 각지에서 사용되었다. 이를테면 옥스퍼 드에서는 1778년까지도 이 책이 출판되었다.

2장

.....

고대 과학사를 보는 새로운 관점

오리엔트의 시대

농경의 시작과 과학의 싹틈

유종자(有種子) 농업이 메소포타미아 근처의 산기슭에서 시작된 것은 약 1만 년 전이며, 이것은 아마 세계에서 가장 빨랐을 것이다. 초기의 주요 재배식물은 보리였다(감자나 바나나를 재배하는 무종자 농업은 더 일찍부터 시작되었지만 여기서는 유종자 농업에 대해서만 고찰하자).

인간의 주요한 식량을 곡물에 의존하게 되자 이전의 수렵, 채집시대와는 달리 계획이 필요해졌다. 수확한 곡물을 보존하고, 이듬해 수확까지의 1년 동안 계획적으로 식량을 소비하지 않으면 안 된다. 또 축적한 곡물의 일부분을 적당한 시기(파종기)에 충당해야 한다.

따라서 인간의 사고가 논리적이 되고, 산술이 필요해진다. 당시(6000년 이전)의 산술에 대한 사료는 없지만, 산술이 발달하기 시작했다는 것을 상상할 수 있다.

또 1년에 대한 인식방법이 달라졌다. 이전에는 더운 시기(여름)와 추운 시기(겨울)가 한 번씩 경과한 것이 1년이라는 정도의 감각밖에 없었지만(또는 해라는 관념이 희박했지만) 농업이 시작된 이후는 파종기, 수확기 등을 알아야 할 필요가 생기고, 1년을 약 12개월(달의 차고 기움이 1년에 약

12회 일어나므로)로 생각해서 파종 등의 정확한 시기를 알기 위해서 별의 위치를 주의 깊게 관찰하게 되었다. 이로 인해 천문학이 싹트게 되었다. 당장에는 「학문」이라는 것을 피하고 천문, 역(曆)의 지식이 필요하게 되었다는 것에만 유의하자.

수렵시대에는 동물을 쫓아 주거가 부단하게 바뀌었지만, 농경이 시작되자 같은 장소(경작지 곁)에 오랫동안 살기 때문에 생활이 안정되고, 안정성이 있는 가옥을 건축하게 되었다. 또 마을 사람들의 신앙심에서 마을 한가운데에는 반드시 사당이 만들어진다. 메소포타미아에서는 사당이나 집을 세울 때(특히 전자의 경우) 벽돌이 자주 사용되었다. 벽돌을 쌓아 올리는 것은 원시인에게는 의외로 고도한 기술이지만, 특히 주목해야 하는 것은 벽돌을 세는 일이나 필요한 벽돌 수를 대충 계산하는 일에서 산술이 발달해간 일이다.

도시혁명의 시기

취락 한가운데에 세워진 사당은, 기원전 3500년쯤에 갑자기 대규모가 되어 바로 「신전」이라고 불리게 되었다. 취락 한가운데에 인공 언덕이 만들어지고, 그 위에 높이 10m(또는 그 이상), 세로, 가로 모두 20m에 이르는 신전이 둘 이상씩 세워지게 되었다.

이 사실은 기원전 3500년쯤 생산이 비약적으로 진전되어 취락의 인구가 두드러지게 늘어났다는 것을 명시하고 있다. 이와 같이 발전하고 팽창한 취락이 「도시」이다.

그림 6 | 도시의 탄생(도시 중심의 신전의 유적)

기원전 3500년 무렵부터 수백 년 동안은 메소포타미아의 도시 혁명기이며, 티그리스와 유프라테스강 하류 지역에 많은 도시(도시국가)가 탄생했다. 이 무렵에 문화가 특히 발전해서 산술이나 천문도 한층 진보했으리라는 것을 쉽게 예상할 수 있다. 사실 이 무렵의 여러 기록을 보여주는 사료가 많이 발굴되어 있어, 당시의 생활 상태나 산술과 천문의 수준에 대해서 많은 것을 알 수 있다.

당시 메소포타미아에 관한 첫 번째 사료는 신전의 창고에서 발견되었다. 문자나 숫자를 새긴 수많은 점토판이다. 점토판에는 창고 내의 물품의 변화상태가 매주 기록되어 있다. 이것으로 1주간에 어떤 물품이 얼마만큼 소비되었는가를 알 수 있다. 당시의 신전은 단순히 제사를 지내는 장소가 아니라, 도시의 정치 중심지이며 물품의 관리소이기도 했다. 그리고 서기가 신전 내 창고의 물품 변동에 대해서 부단히 기록하고 있었다.

한편 이집트에서는 파피루스가 흔히 사용되었으며, 이 파피루스도 오랜 세월을 견디며 보존되어 왔다. 오리엔트 사람들은 점토판이나 파피루스에 문자와 숫자를 기입했으므로 수천 년 전의 사정을 어느 정도 알 수 있는 것이다.

초기의 산술

발굴된 점토판은 신전의 물품 관리 상태를 가르쳐 주지만, 그밖에도 당시 여러 방면에 숫자가 사용되었다는 것이 확실하다. 먼저 신전을 건립하기 위해서는 얼마큼 원료가 필요한가, 며칠이나 걸리는가, 노동자를 얼마나 동원할 것인가, 그리고 노동자에게 어느 정도의 식량을 제공할 것인가를 계산해야만 했다.

그러나 당시의 계산법은 놀랄 만큼 번잡한 것이었다. 그들은「배가법(倍加法)」이라고 해서, 한 번에 두 배를 계산하는 것밖에 알지 못했다. 이를테면 9×7을 구하는데 아래 식과 같이 계산했다. 9를 2배한 수(18)와 4배 한 수(18)와 본래의 수(9)를 합치면 7배를 한 것이 되어 63을 얻는다.

$$
\begin{array}{r|l}
9 & 1 \\
9 \times 2 = 18 & 2 \\
18 \times 2 = 36 & 4 \\
\hline
63 & 7
\end{array}
$$

그러나 번잡한 것은 계산법만이 아니었다. 실은 숫자 자체가 복잡하다. 메소포타미아는 60진법을 사용했고, 설형문자로 1은 ▼, 10은 <, 60은 1과 같이 ▼로 적고 있다. 이를테면

▼▼<<<<▼▼▼▼=60×2+10×4+1×4=164이다.

메소포타미아에서는 60은 가장 기본적인 숫자로 취급되었다. 어째서일까? 아마 60은 1, 2, 3, 4, 5, 6의 어느 것으로 도, 또 10으로도 나눌 수 있는 편리한 수이기 때문이라고 말하고 있다. 한편 이집트에서 숫자의 기재 방법은 더욱 복잡한 것이었다.

다음에 기하(이 말은 중국의 「幾何學」이라는 말에서 왔다)도 어느 정도 진보되어 있었다. 전답의 면적을 측정하기 위해서 삼각형이나 갖가지 사각형의 면적을 계산하고 있었다.

역술과 점성술

이집트 사람은 태양이 떠오르기 직전에 시리우스성이 나타나면 얼마 후 나일강이 범람한다는 것을 알고 있었다. 다음번에 다시 같은 일이 일어날 때까지의 기간이 1년이고, 범람의 계절 후가 파종에 적합하다는 것, 곡식이 익고 수확이 끝나면 그동안에 다시 태양이 떠오르기 직전에 시리우스성을 보게 되어, 다시 범람기가 찾아온다는 것을 잘 알고 있었다.

한편, 1년에 달이 차고 기우는 일이 약 열두 번이나 일어나기 때문에, 1년은 열두 달로 나뉘고, 한 달은 30일로 하며, 1년을 범람, 파종, 수확의 세 계절로 나누었다(한 계절이 넉 달이 된다). 그리고 1년은 360일로 계산되

고, 나머지 5일간은 연초의 휴일로 정해졌다.

그러나 이 달력에 의하면 4년에 하루의 차이가 생겨난다. 그러나 고대 이집트 사람은 임시로 정정하여 때웠고, 정확한 달력(율리우스력)이 작성된 것은 훨씬 뒤인 기원전 46년의 일이었다.

다음으로 이집트나 메소포타미아에서 황도 부근의 많은 별을 열두 집단으로 나눔으로써 황도대의 12궁(宮)이 설정되었다. 점성술에서는 일반적으로 양자리, 물병자리, 물고기자리, 염소자리, 황소자리, 쌍둥이자리, 게자리, 사자자리, 처녀자리, 천칭자리, 전갈자리, 궁수자리다.

별의 움직임이 계절의 변화를 알리므로 별은 모든 것을 지배하며, 인간의 운명도 좌우하는 것이라고 메소포타미아 사람들은 생각했는데, 그와 같은 사고에서 점성술이 발달되었다. 특히 규칙적으로 움직이는 항성과 달라 특별한 움직임을 하면서 뚜렷하게 빛나는 별인 행성이 주목을 끌게 되었다.

점성술 때문에 메소포타미아 사람들은 행성을 주의 깊게 관찰하여 많은 기록을 남겼다. 이 기록의 축적을 통해 비로소 그리스 천문학이 개화할 수 있었던 것이다.

산술의 발전

기원전 27세기에 3대 피라미드가 건립되었는데, 피라미드 하나를 만드는 데 10만 명이 20년 동안의 세월을 소비했다. 다만 건축공사에 종사한 것은 1년 중 비영농기인 석 달의 기간이었다.

10만 명의 노동자는 어떻게 일을 했을까. 노동자의 3분의 1은 직접 건축공사에 참여하고, 3분의 1은 채석과 석재의 운송을 담당했다. 그리고 나머지 3분의 1은 전원에게 식량을 제공하고, 숙박의 편의를 도모하거나 그 밖의 여러 가지 잡역을 위해 일했다.

이 한 예에서 대공사를 계획하는 데는 수없이 많은 계산이 필요했다는 것을 쉽게 생각할 수 있다. 기원전 3000년대의 오리엔트에서는 곡물창고의 부피, 곡물의 분배나 운반, 먼 곳과의 거래 등 여러 문제를 처리하기 위해서 부단히 계산이 이용되고 있었다.

까다로운 숫자와 유치한 계산법을 사용하는 당시의 계산으로 이런 많은 문제를 처리하는 것은 결코 용이한 일이 아니었다. 그 때문에 고안된 것이 「수표」였다. 메소포타미아에서 기원전 2000년 무렵의 많은 수표와 약간의 수학 교과서가 발굴되었는데 그중에는 99의 곱셈표(오늘날의 99셈에 해당하는 표)와 좀 더 복잡한 곱셈표, 나눗셈표, 제곱수표, 3제곱수표, 제곱근표 등이 있고, 나아가서 3제곱근표도 있었다. 다만 모두가 60진법으로 기재되어 있다.

기원전 2000년 무렵에는 이미 분수도 사용되고 있었다. 그러나 분수의 기재는 아주 번잡한 것이었다. 또 같은 무렵에 피타고라스의 정리도 기록되어 있다. 피타고라스의 정리는 그리스시대에 이르러서 발견된 것이 아니다. 이와 같은 복잡한 숫자를 사용하여 복잡한 계산을 할 수 있는 것은 극히 소수의 특수층 사람들뿐이었다. 그리고 이와 같은 소수의 사람을 교육하기 위해서 학교가 설립되어 있었다.

유라시아의 문화혁명기

여러 과학의 비약적 발전

역사의 흐름이란 느릴 때도 있고, 급류가 되어 짧은 기간에 두드러지게 변화하는 때도 있다. 기원전 5~4세기를 중심으로 수백 년 동안은 인류(문명) 사상에서도 드물게 볼 수 있는 비약, 발전의 시기였다. 특히 자연과학이 발전했는데, 그것은 학술, 사상, 예술, 문화 전체가 백화제개(百花齊開)한 중의 일부분에 지나지 않는다.

당시 광대한 유라시아의 많은 선진 지역에서 학예, 문화가 찬연히 빛나고 있었는데 우선 몇 가지를 열거해보자.

중국에서는 춘추시대인 기원전 500년 무렵에 공자(기원전 551~479)가 왕성한 교육과 저작 활동을 하고 있었고, 이 무렵부터 많은 사상가가 나타났다. 특히 기원전 3~4세기의 전국시대에는 「제자백가(諸子百家)」라는 말로도 알려져 있듯이 수많은 학자가 여러 가지 뛰어난 학설을 발표하고 있었다.

다음, 인도의 힌두스탄평원 주변에서는 중국보다 조금 빠른 기원전 600년 무렵에 유명한 우파니샤드 철학이 완성되어 있었다. 거기에다 기원전 6~5세기에 종교개혁운동이 일어나 불교와 자이나교 등의 차원 높은 종교가 탄생했다. 또 기원전 6세기 이후의 인도에서는 중국 못지않게 수많은 주목할 만한 철학사상이 출현하고 있었다.

한편, 페르시아에서도 두드러진 문화 활동을 볼 수 있다. 광대한 페르시아제국이 수립된 것은 기원전 6세기 중엽이며, 그 후 얼마 안 되어 페르시아의 웅대하고 화려한 궁전문화가 꽃 피었다. 발달한 종교의 하나인 조로아스터교가 나타난 것도 같은 무렵이었다. 더 서쪽으로 눈을 돌리면, 고대 그리스 문명 등이 있다. 그리스 문명이 역사상 얼마나 중요한가는 새삼 언급할 필요도 없을 것이다.

이와 같이 기원전 5~4세기를 중심으로 하는 짧은 기간은 인류사상 드물게 볼 수 있었던 활기와 창조에 넘친 시기였다. 유라시아의 많은 지역에서 일제히 학술, 사상, 문화가 유별나게 발전하고 있었던 것이다. 이 시기를 야스퍼스(1883~1969)는 추축(樞軸)의 시대라고 부르고 있다. 필자는 이 시대를 「유라시아 문화혁명기」라고 이름을 붙이고 싶다. 자연과학도 역시 이 시기에 비약적으로 발달했다.

어째서 유라시아 문화혁명이 일어났을까. 그 몇 가지 요인 중 하나는 철기(鐵器)혁명을 들 수 있을 것이다. 기원전 14세기 히타이트에서 완성된 제철법이 유라시아 각지로 전해져, 그때까지 청동기를 대신하는 철기의 사용이 생산을 두드러지게 진전시켰다. 급속한 생산의 증대는 중국과 인도의 전국시대, 페르시아의 대제국의 건설, 그리스 사람의 왕성한 해외 활동 등 갖가지 사회변동을 가져왔고, 사회의 변동은 사람들을 각성시켰다. 그 변동에 맞추어서 사고의 혁명이 일어난 것이다.

어떻게 하면 좋은 정치가 실현되느냐(공자, 맹자 등), 어떻게 하면 사람들이 구제되느냐(불교 등의 탄생) 등을 진지하게 묻고, 또 사고가 논리적, 체계적으로 되어, 여기에 비로소 철학이 생기고 산수, 천문, 의학 등이 겨우 과학이라 할 수 있는 체제를 갖추게 되었다.(유라시아 문화혁명기는 고차원적 종교의 탄생, 철학의 등장, 고전과학의 대두기라고 정의할 수 있다)

합리주의 사상의 출현

『논어』 가운데 「선생님께서는 괴이한 일, 힘쓰는 일, 난동질 및 귀신에 관해서는 말하지 않으셨습니다(子, 不語怪, 力, 乱, 神)라는 유명한 장이 있다. 간단한 말로 표현하면 공자는 「나는 귀신에 대해 말하지 않는다」라는 것이다. 귀신 따위 눈에 보이지 않아 실존하는지 어떤지도 모르는 것에 대해서는 말하지 않는다는 공자의 사물을 생각하는 방법이 잘 표현되어 있다. 초월(超越)적인 것, 신비적인 것, 비합리적인 것을 배제하려 하는 정신의 표현이다.

그림 7 | 공자

또 하나의 예를 들어보자. 전국시대의 유명한 의사 편작(扁鵲)은 병이 낫지 않는 원인의 하나로서 「무(巫)를 믿고 의(医)를 믿지 않는 일」을 지적하고 있다(『史記』 속의 편작전). 무는 주술에 의한 미신적인 치료를 가리킨다. 동서양을 막론하고 고대에는 아직 주술적인 방법으로 병을 고치려는 일이 많았는데, 편작은 미신을 배제하고 과학적인 의학을 존중해야 한다고 말했다. 합리적인 정신의 하나의 본보기이다.

다음에 더 구체적이고 현실적인 예를 하나 들기로 하자. 『주례(周禮)』의 「고공기〔考工記, 전국시대의 일 등을 기록한 한(漢)대의 책〕」에는 기물의 치수가 자세하게 적혀 있는데, 이것은 일종의 설계도다. 기술자가 그저 직감력에 의존해서 기물을 만드는 것이 아니라 설계도에 따라 제작을 하고 있었던 것이다.

「고공기」나 『논어』에 의하면, 당시 도시에는 백공(百工)이라는 이름으로 불리던, 여러 수공업자가 가게를 열고 있었다고 한다. 백공 중에는 목공, 도공, 피혁공, 금공, 염공(염색하는 공인) 등이 있고 많은 전문직층이 이미 형성되어 있었다.

또 얼마 내려와서 한대가 되면, 제작된 칠기에는 몇 가지 공정을 담당한 기술자의 이름이 기입되어 있는데, 이것은 분업이 일찍부터 발달하고 있었다는 것을 가리키고 있다. 합리적인 생산방식이 채용되고 있었던 것이다(이상 야부우치 기요시 『중국의 과학문명』에서). 중국에서만이 아니고 당시 유라시아의 많은 선진 지역에서 합리주의적인 사고방법이 상당히 진보되고 있었던 것이다.

지식의 체계화로서의 과학

이와 같은 상황 속에서 자연과학이 특히 발달하여 겨우 「과학」이라고 할 수 있는 내용이 구비되기 시작했다. 지식을 끌어모은 것만으로는 학문

(과학)이 되지 못하지만, 지식을 체계화함으로써 비로소 학문(과학)이 성립된다. 자연과학이 이와 같은 단계에 도달한 때가 유라시아 문화혁명기이며, 따라서 그 이전의 과학은 「원시과학」이라고 부르고, 문화혁명 이후의 과학을 「고전과학」이라고 부른다.

단순히 지식이 체계화된 것에 그치지 않고 다음 여러 점에 유의하는 것도 중요하다. 그리스의 경우를 예로 들어 보자. 그리스시대 초기에는 물질의 궁극이 물이라고 주장하는 사람이 있었고, 궁극이 불이라고 생각하는 사람도 있었다. 그러나 그리스 후기에는 일반 모든 물질은 불, 공기, 물, 흙의 4원소로 구성되어 있는 것으로 생각하고 있었다.

한편 데모크리토스(기원전 460~370)와 같이 원자설을 주장하는 사람도 나타났다. 이처럼 물질의 궁극이 사색되었지만, 우주의 궁극도 또한 열심히 추구되었다. 궁극의 탐구는 이 시대의 한 특징이었다.

궁극 외에 「의의(意義)」도 사색되었다. 인생의 의의란 무엇이냐, 무엇 때문에 사느냐라는 문제를 많은 사람들이 진지하게 고민하게 되었다. 사고의 추상화도 특히 진보되었다. 아리스토텔레스(기원전 384~322)의 철학 속에 「형이상학(形而上字)」이라는 말이 나타나 있었다는 것과 함께 그리스의 수학자가 후에 유클리드기하학으로 완성된 기하학의 추상화에 공헌했다는 것이 그 좋은 예다. 그리고 그리스의 기하학은 학문이 논리적으로 된 하나의 전형을 나타내고 있다.

궁극의 모색, 의의의 추구, 추상화, 논리화 및 최초에 말한 지식의 체계화는 이 시대 과학(고전과학)의 특징이다. 다음에 이 시대의 과학 중 대표적인 것으로 중국의 의학과 그리스의 기하학에 대해서 검토하기로 한다.

중국의 고전 의학

상해(上海)에 있는 동방홍(東方紅)병원에서는 1969년 8월, 소아마비에 걸려 4년간 손발이 부자유스러웠던 아이를 침으로 치료하는 데 성공했다. 이것을 전해 들은 소아마비 환자들이 각지에서 이 병원으로 모여들어 수많은 환자의 치료에 눈부신 효과를 보여주었다.

또 한 예를 들자. 같은 1969년에 선양(瀋陽, 옛 奉天)의 군의관인 조보우(趙普羽)는 농아의 침 치료에 기적적인 업적을 남겼다. 광산노동자 왕옥해(王玉海)의 딸인 왕아금(王雅琴)은 세 살 때 중병에 걸려 농아가 되었다. 큰 병원의 명의에게 보였더니 「귀머거리의 귀나 벙어리의 입은 마른 나무, 마른 가지의 잎과 같은 것으로 세계 어느 곳에서도 고칠 수 없다」라고 했다. 그러나 조 씨는 침으로 당시 17세가 된 왕아금의 귀머거리와 벙어리를 고치는 데 성공했다. 그 후 조 씨의 의료대는 침 치료에 의해서 요원시(遼源市)에 있는 농아학교의 186명의 학생 중, 157명이 청력을 되찾게 되고, 149명이 말을 할 수 있게 됐다고 한다.

중국의 침의 기적은 유명하다. 언제쯤부터 침 치료가 시작되었을까. 「편작전」에 참석(鑱石)이라는 말이 나오는데, 이것은 돌로 만든 침을 가리키며, 이 무렵(전국시대)에 이미 침이 시작되고 있었던 것이다. 당시는 아직 석제침으로 표면에서 피부를 자극하는 정도였지만, 뒤에 금속침을 쓰게 되었다. 한대(약 2000년 전)의 중국 의학의 고전인 『황제내경(黃帝

內經)』에는 침에 대한 상세한 설명이 있다.

또 침과 마찬가지로 체표(体表)를 자극하는 요법으로서, 고대 중국에서 전해진 뜸(灸)은 「편작전」 외에 기원전 3세기의 『맹자』 속에도 이미 기록되어 있다. 침과 뜸에 의한 치료는 중국 특유의 경이적인 치료요법이다. 중국 사람은 오랜 경험에서 신체의 어느 부위를 자극하면 가장 효과가 있는가를 알고 있다. 그러나 일면에서는 침, 뜸에도 이론적인 배경이 있었다. 기능의 중추인 장부로부터 수많은 경맥(經脈)과 낙맥(終脈)이 온 신체 속을 돌아다니며, 체표에도 분포되어 있다고 생각하고 있었다. 「편작전」에 이미 경락(經絡)이라는 용어가 나와 있다. 오늘날의 의학에서 본다면 경맥은 부분적으로 교감신경계통에 해당하는 것이라고 생각된다.

침, 뜸은 경이적인 치료법이지만 이는 전국시대에 나타난 치료법 중의 일부분에 불과하다. 「편작전」에 나와 있는 치료법을 크게 나누면 (1) 침, 뜸 (2) 안마와 도인(導引) (3) 관수(灌水)와 암법(罨法) (4) 약물요법의 4종류가 있다. 이 중에서 의료의 중심은 역시 마지막 복약이고, 다른 3종은 보조적인 것이라고 보았다. 도인이란 체조를 말하고, 특히 5종의 동물의 동작을 흉내 내는 것이 중시되었다. 관수는 오늘날의 냉수욕과 비슷한 일종의 물리요법이며, 암법은 습포(찜질)이다.

여러 치료법이 나와 있고, 또 치료법이 분류, 정리되었다. 제1장에서 언급했듯이 「편작전」에는 오장육부에 관한 것도 기록되어 있는데, 이것은 신체 내부를 계통적으로 이해하려는 노력의 결과다. 신체 내부에 대해서도, 치료법에 대해서도 지식을 분류하고 종합적으로 이해하려는 태도를 보이고 있다.

또 다음과 같이 생각할 수도 있다. 의학은 산수나 천문에 비해 훨씬 늦게 등장했다. 의학이 주술에서 합리적인 치료로 전환한 것은 유라시아 문화혁명의 결과이고, 또 이 시기에 의학은 이미 체계화된 학문의 성격을 보이고 있었다.

그리스의 기하학

그리스 과학의 시조는 탈레스(기원전 약 624~565 무렵)이다. 그리스 과학의 여러 성격은 이미 탈레스로부터 볼 수 있다. 그는 서아시아의 현재 터키 시해안에 있는 밀레토스 출신인데, 이것은 그리스 과학이 외래의 영향을 크게 받고 있음을 시사하고 있다.

「세계는 무엇으로 되어 있느냐」(물질의 근원은 무엇이냐)라는 물음에 대담하게 「물」이라고 대답한 사람은 탈레스였다. 이런 사색의 태도는, 자연에 관한 여러 문제를 사변(思辨)과 논리와 추상에 의해 해결하려는 탈레스의 성격(그리스 과학의 특성이라고 할 수 있다)을 잘 나타내고 있다.

그리스의 논리적인 기하학은 탈레스에 시작된 것이다. 그는 이집트 사람처럼 실용을 위한 기하학을 연구한(이를테면 전답의 넓이를 아는 것 등) 것이 아니고, 실용을 떠나서 논리

그림 8 | 탈레스

를 위해 기하학을 탐구했다. 그리고 몇 가지 명제를 발견했다. 이를테면 「두 직선이 교차할 때, 대각인 한 쌍의 각은 각각 같다」, 「이등변삼각형은 길이가 같은 변에 대한 각은 각각 같다」, 「원에 내접하는 삼각형 중 한 변이 지름일 경우 이 삼각형은 직각삼각형이다」 등이다.

이 예들에서, 탈레스가 보편적인 명제를 찾고 있었다는 것을 알 수 있다. 이것은 분명히 그리스기하학 및 그 뒤의 유클리드기하학을 암시하고 있다.

이윽고 아테네 전성시대 이후에, 그리스 수학자는 다음의 기하학의 3대 문제와 맞붙게 된다. 첫째는 원과 같은 넓이의 정사각형을 만드는 일(원의 구적법), 둘째는 한 각을 3등분하는 일(각의 3등분), 셋째는 어떤 육면체에 대해 부피가 2배인 육면체를 만드는 문제(육면체의 2배법으로, 결국은 를 구하는 것)이다.

그리스의 수학자가 이 세 가지 문제와 씨름하고 있는 동안에, 여러 다른 발견이 있었다. 이를테면 기원전 400년 무렵에 히포크라테스(유명한 의학자와 동명이인)는 초승달의 구적법을 발견했다. 그러나 가장 주목하는 것은 논리적인 순수기하학이 발전했다는 사실이다. 알렉산드리아시대 초기에는 유클리드(기원전 300년 무렵에 활약)가 약간의 정의와 5공리(公理), 5공준(公準)에서, 직선과 원의 기하학을 수립하고, 또 아폴로니우스(기원전 262~200)는 원추곡선론을 발표했다.

그리스 과학은 어디에서 왔는가

탈레스가 오늘날의 터키 연안에 있는 밀레토스에서 왔다는 것은 그리스 과학의 연원에 대한 어떤 한 시사점을 준다. 종래의 역사책에는 밀레토스 주변의 소아시아는 그리스의 식민지이고, 그리스 문화가 소아시아로 확대해서, 거기에서 그리스 과학의 시조 탈레스가 태어난 것처럼 기록되어 있다. 그러나 적어도 문화의 전파에 대해서는 사정이 정반대가 아니었을까.

그리스 사람은 기원전 12세기에 북방에서 발칸반도를 거쳐 남하하여 오늘날의 그리스 지역에 정착했는데, 그때 선주민 같은 아리아 사람인 미케네 사람으로부터 미케네 문화를 계승받았다. 그리스 사람의 생활양식(멀리 해외에 나가 과일 등을 수출하고, 식량 등을 수입하는 방식)이

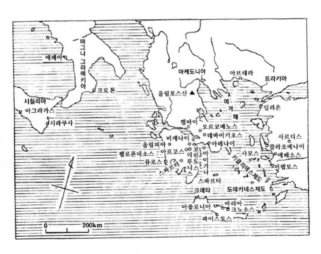

그림 9 | 그리스의 지도

나 예술 등은 명백히 미케네 사람의 유산에서 비롯되었다. 한편 미케네 사람은 크레타 문명을 계승하고 있다. 또 그리스 사람이 이동해 온 직후부터 동지중해에서 온 페니키아 사람들이 수많은 문화를 전해주었다. 이를테면 그리스 문자는 페니키아 문자에서 유래하고 있다.

여기서 이야기를 되돌려보자. 밀레토스가 있던 터키(당시는 히타이트 제국)의 서남부는 아르자와라고 불리며, 특별히 문화가 선진적이었다는 것이 1960년대 이후의 역사 연구에서 밝혀졌다. 그러므로 탈레스가 선진 지역의 문화를 그리스에 가져왔다고 생각해야 하지 않을까.

그리스 과학도, 더 폭넓게 말해서 그리스 문명도 아르자와 문화, 미케네 문명, 페니키아 문화 등을 계승해서 성립, 발전된 것이다. 종래 역사가는 어느 개인이나 지역, 또는 어느 시기의 특수한 사람들의 활동에 모든 업적을 돌리는 일이 많았다. 앞으로는 그리스 과학이 선배의 성과를 이어받아 어떻게 성립되었느냐를 연구하지 않으면 안 될 것이다.

플라톤의 기하학

1453년에 태양중심설(지동설)을 공표한 코페르니쿠스(1473~1543)도 여러 행성의 궤도를 34개의 원의 조합으로서 표현했다. 타원을 도입하면 몇 개의 궤도가 되기도 하는데 어쩌면 이렇게 복잡한 것을 생각했을까.

지구중심설이냐 태양중심설이냐는 별개로 하더라도 행성의 궤도를 다수의 원의 조합으로 표현한다는 사고는 실로 2천 년 동안이나 계속되었으며, 그 원천은 플라톤(기원전 429~347)에게 있었다. 그러면 플라톤은 어째서 원에 집착했을까.

「원이란 가장 완전한 형체다. 천계는 지계(地界)와 달라서 완전하기 위해서는 천체의 궤도가 원을 기본으로 하는 것이어야 하며, 모든 천체는 완전하게 둥근 구이다」라는 것이 플라톤의 발상이었다. 이것은 플라톤이 얼마나 신비적인 이상주의자이며, 또 얼마나 기하학(도형)에 관심이 깊었던가를 나타내고 있다.

플라톤은 아테네 교외에 아카데미아라는 학교를 세워, 많은 제자를 교육했는데, 그의 학교 입구에 「기하학을 모르는 사람은 들어오지 말 것」이라는 팻말이 붙어 있었다고 한다.

그러면 왜 기하학이 이토록 존중되었을까. 플라톤은 이데아설을 주장한 철학자로서 유명하다. 그 「이데아」란 무엇일까. 그가 말하는 이데아란, 이를테면 장미나무에 장미꽃을 피게 하는 "어떤 것"이라고 말하면 알기 쉽다. 모든 것에 독특한 이데아가 존재하고, 이 만물의 근원이라고도 할 중요한 이데아와 현상세계를 중개하는 것이 수학이라고 플라톤은 주장했다. 이렇게 보면 기하학이 중요시된 까닭도 알 수 있다.

수학은 이처럼 중요한 것이므로 인간의 정신을 높여주는 것이며, 세속적인 것에서 초월하지 않으면 안 되므로 기하학의 작도에서는 자(직선)와 컴퍼스(원)를 쓰고, 그 밖의 다른 기구는 사용해서는 안 된다고 플라톤은 말

그림 10 | 플라톤

했다. 기구는 세속적인 것이며, 따라서 하등한 것이기 때문이라는 것이다.

다음으로 플라톤은 천계(우주)는 차원이 높은 기하학 법칙에 따르는 것이라고 생각하고 천체의 운동은 원운동이 아니면 안 된다고 말했는데, 복잡하거나 복잡하게 보이는 행성의 운동은 단순한 원궤도로 해결할 수 없는 것이다. 그 때문에 원의 조합으로 설명하게 되었던 것이다.

아리스토텔레스를 어떻게 보는가

「물체는 왜 낙하하는 것일까」, 「물체의 주성분은 흙이며, 흙은 원래 가장 낮은 위치에 있으므로, 흙이 본래의 위치로 되돌아가기 위함이다.」

이 문답은 아리스토텔레스로 대표되는 그리스 과학의 성격을 잘 나타내고 있다. 서양에서는 이 생각이 그 후 2000년 동안이나 고수되었다. 지구의 인력을 생각할 수 없었던 하나의 요인은, 다음의 아리스토텔레스의 주장에서 알 수 있다. 「접촉하지 않으면 힘은 작용하지 않는다. 물체와 지표 사이에 거리가 있으므로(이를테면 수미터), 지구(인력)가 물체에 작용할 턱이 없다.」 이 사고방법도 유럽에서 오랫동안 계속되었다.

그림 11 | 아리스토텔레스

아리스토텔레스는 물리학에서 근본적인 과오를 범하고 있지만, 생물학에서는 획기적인 업적을 남겨 놓았다. 그 전형적인 예로, 고래를 어류에 포함하지 않고 포유류 다음 위치에 두었다는 점이다. 아리스토텔레스는 생물을 이렇게 분류했다. 「포유류, 고래류, 파충류와 조류, 양서류와 어류, 두족류(頭足類), 갑각류(甲殼類), 기타의 절족(節足)동물, 기타의 연체동물」 2000년 전의 일이라고는 생각할 수 없을 만큼 훌륭한 분류다. 이 동물분류법은 18세기에 린네가 나타나기까지 약 2000년 동안 권위를 유지했다.

이처럼 뛰어난 동물분류를 할 수 있었던 것은 많은 지방에서 동물을 모아 와서 실제로 조사하고, 세밀하게 관찰했기 때문이다. 형태에 대해서 뿐만 아니라. 48종의 동물을 해부하고, 약 540종의 동물을 형태에 따라서 분류했던 것이다. 그의 생물 연구방법은 경험을 존중하고, 귀납적이며 뛰어났다. 인간의 팔과 새의 날개와 물고기의 지느러미가 같은 계통의 기관이라는 놀랄 만큼 탁월한 견해도 말했다. 그는 물리학과 생물학에서도 목적론자였다.

아리스토텔레스는 만능의 천재라고 일컬어지고 있다. 그는 학문을 논리학, 자연학, 형이상학, 윤리학, 정치학, 문예, 수사학(修辭學) 등으로 분류하고, 각 분야에서 뛰어난 공헌을 했다. 자연학 속에 천문학, 물리학, 생물학이 들어 있다. 그의 천문학과 물리학은 연역적, 사변적이어서 결점이 많았지만, 생물학은 이미 말한 것처럼 칭찬할만한 것이다.

고대 대제국의 시대

대제국의 형성과 여러 과학의 발전

기원전 330년 무렵에 알렉산드로스(기원전 356~323)가 동지중해에서 아프가니스탄에 걸치는 광대한 지역을 정복한 일, 또 그 대제국이 바로 붕괴했지만, 이집트의 알렉산드리아시(알렉산드로스대왕이 건설한 도시)에서 자연과학이 매우 발달하여, 유클리드(기원전 300년쯤)의 『기하학 원본』 등 몇 가지 큰 성과가 나타났다는 것은 많은 자연과학자 및 자연과학에 관심 있는 사람들이라면 잘 알고 있는 바이다.

알렉산드리아를 중심으로 하는 프톨레마이오스왕조(알렉산드로스대왕의 부하인 한 장군, 프톨레마이오스가 수립한 국가)에서는, 그 후로 수백 년 동안 자연과학 연구의 전통이 이어져 수많은 성과가 나타났다. 기원후 2세기에 저술된 천문학의 대저 『알마게스트』(프톨레마이오스 천문학)는 그 한 예이다.

한편 거의 같은 무렵, 중국의 한제국시대(기원전 202~271 원후 220)에도 과학의 고전적 명저가 몇 권 저술되었다. 이를테면 『구장산술(九章算術)』, 『상한론(傷寒論)』, 『황제내경(黃帝內經)』(뒤의 두 저서는 한방의학의 고전) 등이다. 그러면 동서와 때를 같이해서 고전과학의 명저가 속속 나타난 것은 어째서일까.

유라시아 문화혁명기에 산업이 발전하고 교통도 발달해서, 사회변동이 심했다는 것은 이미 말했다. 특히 생산과 교통의 비약적인 발전은 대제국의 형성을 가능하게 했다. 벌써 문화혁명기의 기원전 6세기 중엽에 그 이전의 국가 규모를 훨씬 웃도는 대제국 페르시아가 탄생했다. 페르시아 제국은 동쪽은 중앙아시아, 서쪽은 이집트 등을 포함하는 동지중해에 걸친 광대한 지역을 통치하고 있었다. 기원전 330년 무렵 알렉산드로스대왕이 건립한 대제국도 실제는 페르시아제국의 영토를 답습하는 것에 지나지 않았다.

　조금 늦게 중국에 한제국이 등장하고, 지중해 주변에 로마제국이 건립되었다. 한제국이 건립된 것은 기원전 202년이고, 로마가 카르타고를 완패시켜 지중해의 제해권을 장악한 것은 기원전 146년이었다. 그러나 양자보다 조금 빠르게 기원전 320년 무렵 인도에는 이미 한제국과 로마제국에 필적하는 마우리아왕국이 출현하고 있었다.

　이와 같이 유라시아 문명혁명기 후에는 도처에서 고대적 대제국이 출현했다. 그러나 여기서 주목하고 싶은 것은 생산의 발전과 절대적 권력을 배경으로 한 황제를 중심으로 하는 통치자에게 상당한 부가 축적되어 사회가 안정되어 온 일이다. 이 조건이야말로 유라시아 문화혁명기에 비롯된 고전과학을 계승해서 고전과학의 대저를 완성하게 된 동기가 되었던 것이다.

　중국(한제국)에서는 강력한 왕권의 배후에 새로이 대두한 관료 중의 일부, 특히 학자가 고전적인 대저를 저술했다(중국에서는 관료가 학자를 겸

하고 있었다). 한편 이집트에서는 대제국에서 분리한 한 왕국에서지만, 역시 풍요하고 안정된 왕권의 옹호 아래 알렉산드리아에서 자연과학이 두드러지게 발전했다.

놀랄만한 계산법의 출현

유럽의 수학에서 음수(陰數)가 등장한 것은 17세기이지만, 중국에서는 그보다 1500년 이상이나 빠른 1세기에 이미 음수가 사용되었다.

1세기에 완성된 『구장산술』에 다음과 같은 기록이 있다. 감법(뺄셈)의 법칙에 「다른 것을 서로 더한다」(異者相益)라는 법칙이 있는데, 이것은 a-(-b)=a+b를 뜻한다. 「음에 "상대의 수"가 없으면 이것을 양(陽)으로 한다」는 법칙도 있는데 이것은 0-(-a)=a를 뜻하고 있다.

약 2000년 전에 저술된 『구장산술』에서 특히 주목할 만한 것이 또 하나 있다. 다원 1차 연립방정식을 자유로이 푼 일이다. 오구라(小倉金之助) 씨는 『중국 수학의 사회성—"구장산술"을 통해 본 진(秦), 한(漢)시대의 사회상태—』(『數学史硏究』第1輯)에서 다음과 같이 기술하고 있다.

「『구장산술』은 중국의 기본적인 수학책이었다. 그 속에는 우수한 수학적 방법을 포함하고 있다. 만약 이것을 그리스 수학에 비교한다면 기하학과 수론(数論)에서는 그리스에 뒤떨어지지만, 산술과 대수에서는 그리스를 능가하고 있다고 나는 확신하는 바이다.」

그리고 그 한 예로서, 연립 1차방정식의 해법을 들고 있다. 그러나 실은 그뿐이 아니라 『구장산술』에는 2차방정식의 문제도 포함되어 있다. 그

한 예를 든다.

「정사각형의 마을이 있는데, 그 크기는 알 수 없다. 각각 중앙에 문이 있으며, 북문을 나와 20보를 가면 나무가 있고, 남문을 나와 14보를 가서 꺾어져서, 서쪽으로 1,775보를 가면 이 나무가 보인다. 마을의 한 변은 얼마인가.」

마을의 한 변을 x라 하면, 두 닮은 삼각형의 비례 관계에서 곧 20 : =(20+14+x):1775를 얻는다. 여기서 이 문제는 결국 $x2+(14+20)x-2(20×1775)=0$ 즉 $x2+34x-71000=0$이라는 1원 2차방정식으로 풀게 된다.

이와 같이 일찍부터 진보된 문제를 다루고 있는 『구장산술』은 저자가 분명하지 않고, 편집한 연대도 뚜렷하지 않지만, 한나라 이전의 지식을 집대성해서 한대의 어느 시기에 통합정리된 점에서는 의견이 같다. 기원전 1세기 말에는 아직 통합된 형태로 만들어지지 못하고 있었으나, 기원후 1세

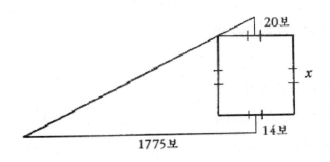

그림 12 | 『구장산술』의 2차방정식의 보기

기에 거의 완성된 것으로 보인다.

『구장산술』은 실용과 결부되는 문제를 푸는 것이 중심과제였다. 그 계산기술은 당시의 세계에서도 최고봉이었지만, 모두 실용을 위한 것이었다. 오구라 씨는 『구장산술』을 사회적 자료로 보는 입장에서, 이 책을 밭과 땅, 농작, 토목 공사, 곡물, 식물 및 식량의 교환, 공예, 물가, 이식, 운송, 조세, 관세의 여러 항목으로 분류하고 있는데, 이 책을 『구장』이라고 칭한 연유는 방전(方田, 38문제), 균수(均輸, 28문제), 방정(方程, 18문제), 구고(句股, 24문제) 등의 아홉 가지로 성립되어 있기 때문이다. 마지막에 구고의 장이 있는데, 이 장은 주로 측정문제를 다루고 있다. 구고라는 문자를 쓴 것은 이른바 피타고라스정리의 응용을 위해서이다.

구고의 장 처음에 「구(a), 고(b)를 각각 제곱하여 합치고 개평방(開平方)하면 현(弦, c)이다」라고 적혀 있는데 이것은 직각삼각형의 직각을 끼는 2변이 구(a), 고(b)로 불리고, 빗변이 현(弦, c)으로서 =c라는 뜻이다. 피타고라스의 정리는 중국에서는 피타고라스와 거의 같은 무렵부터 「구고현(勾股弦)의 법칙」으로 불리고 있으며, 피타고라스와는 독립적으로 발견되었다(이상 야부우치 씨『중국의 수학』에서).

고전 의학의 큰 줄기

「수술은 완벽했다. 그러나 사람은 죽었다.」이런 말은 근대 의학이 가져온 모순을 단적으로 표현하고 있다. 근대 서양 의학은 신체의 어느 부분에 어떤 이상이 있는가를 찾아내어 이것을 고치는 데는 물리적, 화학적으로 어떻게 대처하면 좋을까를 생각한다. 또 어떤 약에 어떤 성분이 있으며, 신체의 어느 부분에 어떻게 듣는가를 추구한다. 분석적이고 과학적이지만, 분석적이기 때문에 생명인 신체 전체가 자칫 망각될 수 있다.

한편 한방의학의 치료법은 현대 의학과는 상당히 다르다. 한나라 때의 명저인 한방의학의 고전 『상한론』에서는 발열이나 맥 등 외부에서 볼 때 알 수 있는 증후를 종합적으로 판단하고, 그것을 바탕으로 신체 전체를 회복하기 위한 투약을 한다. 즉 특정 기관이나 특정한 체내 화학 작용만을 중시하는 것이 아니라, 유기적인 신체 전체를 종합적으로 고려해서 치료하려고 한다. 어수룩한 것 같지만 그 장점을 그냥 넘길 수는 없다.

한방의학의 한 근원은 지금 말한 한대의 『상한론』이라는 저서에서 연유하는데, 이 책에 대해 좀 더 말해보자. 『상한론』의 저자는 장중경(張仲景)이고, 10권 22편으로 되었으며, 이 저서의 중심 부분은 상한(傷寒) 등 많은

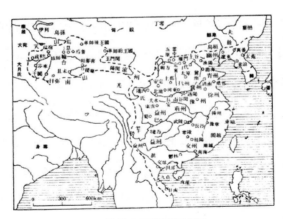

그림 13 | 한의 무제시대의 지도

증상과 그에 대한 구체적인 약물의 처방이 도합 112방(方) 기록되어 있다.

그러면 상한이란 무엇일까. 후한말(後漢末, 2세기 후반 무렵)에 상한이라고 일컬어지는 유행병이 발생하여 상당히 많은 사망자가 나오면서 상한병이 주목을 끌게 되었다. 상한이란 겨울의 추위에 손상을 입어, 봄 이후에 발병한다는 견해에서 나온 것으로, 심한 발열을 수반하는 유행병을 가리킨다. 아마 지금의 티푸스로 추측하고 있다. 당시 상한병이 상당한 충격을 주었기 때문에 이것이 책 이름으로 붙여진 것이다.

한편, 한나라 때는 임상의학의 최고봉인 『상한론』과 더불어 의학의 기초 이론으로서 『황제내경』을 주목했다. 후자는 18권으로 된 대저서인데, 여기서는 그의 상세한 내용에 대해서 설명하기보다는 가장 유의해야 할 점을 하나만 지적해 둔다. 『황제내경』은 「소문(素問)」과 「영추(靈枢)」 둘로 대별되며, 소문은 24부로 나누어지는데 그 제1부 속 4기조신대론편(四氣調神大論篇)에 다음과 같이 기술되어 있다.

「성인은 이미 병들었을 때 치료하는 것이 아니며, 아직 병들기 전에 고친다. 이미 흐트러진 것을 고치는 게 아니고, 아직 흐트러지지 않은 것을 고친다.」

예방위학이야말로 의학의 근본이라는 정신을 뚜렷하게 보여주고 있다. 노자(老子)를 시조로 하는 도가(道家)의 사상은 「무위(無爲)」를 강조하는데, 이 무위란 새삼스럽게 작위를 하지 않고, 자연 그대로 살아가는 것을 뜻한다. 그리고 무위를 위주로 하는 생활방법을 따르면(자연의 섭리에 따르면) 건강하다는 것이 강조되고 있다. 따라서 도교의 사상이 중국 의학에 반영되어 있다고 볼 수 있다.

지금 말한 것은 대저서 『황제내경』 중의 극히 일부분이며, 『황제내경』
은 상당한 대저서이다. 그런데 전한(前漢) 말기에는 기초의학으로서 『황제
내경』 18권 외에 『외경(外經)』 27권, 『편작내경(扁鵲內經)』 9권, 『외경(外
經)』 12권 『백씨내경(白氏內經)』 38권 등 의경칠가(醫經七家)라고 일컬어
지는 대저서가 전해지고 있다(다만, 그 대부분은 분실되어 남아 있지 않
다). 또 임상의학의 대저서로서 경방십일가(經方十一家)라는 것도 전해지
고 있다(이상 야부우치기 요시 편저 『중국의 과학』에서).

한나라 때는 의학 부문의 대저서가 상당히 많이 나온 셈이다. 수학 분
야에서도 위에서 말한 『구장산술』 외에 『주비산경』(周髀算經) 등 몇 가지
대저서가 완성되어 있었다. 이렇게 본다면, 한나라 때(특히 후한)는 다수
의 뛰어난 학자가 배출되어 많은 업적을 수립했다는 사실을 알 수 있다. 사
실 전한 말기에 학문이 크게 번성하여, 후한시대에 들어가서 이 경향이 한
층 조장되었다. 이를테면 1세기 말에는 천문학에서도 두드러진 진보가 있
었으며, 장형(張衡, 78~139)이 세계 최초의 지진계를 발명했고, 같은 무
렵 뛰어난 유물론자인 왕충(王充)이 『논형(論衡)』이라는 수준 높은 평론서
를 저술했다.

실증된 중국 의학의 수준

한나라 때의 중국 의학의 놀라움에 대해서 또 한 가지 덧붙여 두고 싶
은 일이 있다. 1972년 7월 30일 북경방송은 중국의 장사시(長沙市) 교외에
서 약 2100년 전의 고분이 발굴되었다고 보도하고, 이어 그 사진을 공표했

다. 그에 따르면 갱(抗) 내부에서 발견된 약 50세 된 귀부인의 시체는 아직 썩지 않았고, 피하결합조직이 탄성을 지니고 있었으며 죽은 지 얼마 되지 않은 듯 보였다. 사실 그 후 일본에 도착한 영화를 보았는데 그 시체에 주사를 놓아보니 살이 부풀어 오르는 장면이 있었다. 2000여 년 전으로서는 정말로 경이적인 보존기술이었다고 아니할 수 없다. 『삼국지(三國志)』에는 역시 장사 부근에서 수백 년 전의 시체가 발굴되어, 이것을 갈기갈기 난도질을 했다는 이야기가 나오는데, 종래 이 귀절은 황당무계한 것이라고 생각되었다. 그러나 이것도 사실이었다고 볼 수 있겠다.

문제의 장사 부근은 기온의 변화가 심하고, 습도도 높은 지역이다. 겨울의 최저기온은 -18.4℃이고, 여름은 최고 40.6℃이므로 1년에 약 60℃나 차이가 있다. 연간 강우량은 1394.6㎜이며, 지하수면이 수 미터나 아래에 있어 여름의 우기에는 지표의 수량이 많다. 그 때문에 습도가 연중 높고, 겨울에 81%, 여름은 73%이다. 또 장사의 토양은 산성도가 높기 때문에 결국 기후, 풍토로는 유물의 보존에 가장 적합하지 못한 곳이다.

따라서 『고대 중국을 발굴한다』라는 책을 쓴 히구치 씨는 「무엇인가 특별한 연구가 인위적으로 되어 있었던 결과다」라고 기술하고 있다.

그러면 어째서 2000년 이상이나 시체가 썩지 않고 보존될 수 있었을까. 우선 당장 알 수 있는 것은, 지하 16m라는 비교적 깊은 곳에 묻혀 있었기 때문에 여름과 겨울의 기온 변화의 영향을 그다지 받지 않았고, 그 온도가 거의 13~14℃이었다는 점이다. 부패를 가져오는 것은 세균의 활동에 의한 것인데 세균은 20℃ 이상의 온도가 아니면 활동하기 어렵다.

깊은 곳에 묻었다는 것은, 한 가지 이유가 되겠지만 물론 그것만으로는 불충분하다. 가장 중요한 점은 「완전 밀폐」에 있다. 발굴 당시 무덤구덩이에 부딪쳐 구멍을 뚫었을 때 속에서 가스가 분출했다.

조사에 따르면, 그 가스의 3분의 2는 메탄가스(CH_4)이며, 3분의 1은 이산화탄소(CO_2), 그리고 소량의 산소였다. 이처럼 가스가 묘 갱 내에 충만하다는 것은 묘실이 완전히 밀폐상태에 있었다는 증거가 된다. 이 완전 밀폐에 의해서 비로소 묘 실내는 항상 일정한 온도와 습도가 보전되어 왔던 것이다.

이 가스의 유래는 히구치 씨의 저술에 설명되어 있어 여기서는 생략한다. 완전한 밀폐상태는, 첫째로 관 주위를 목탄으로 감싸고 있었다는 것(습기를 막는 데 도움이 된다)과 백고(白膏)를 발랐기 때문이다. 백고 진흙 속에 포함되어 있는 수분이 근처의 숯에 의해 흡수되면 백고 진흙은 딱딱해져서 불투기(不透氣), 불투수(不透水) 상태가 되어 능히 밀폐의 구실을 한

그림 14 | 장사 시 교외에서 발굴된 2100년 전의 시체

다. 또 백고 진흙의 성분 중 하나인 이산화규소는 건조제가 된다.

다음 곽(槨) 안에도 방부에 도움이 되는 것이 들어 있었다. 발굴 때 널 안에 붉은 물이 있었는데, 이것은 방부제인 진사(辰砂, 황화수은)이었다. 또 부장품 속에 향초와 사향을 채운 향주머니가 들어 있었는데, 이것도 방부 구실을 한다. 그러나 방부작용으로서 가장 강력했던 것은 널 위에 옻칠을 바른 것이다. 그 성분인 칠산(漆酸)은 내부 물품의 부패를 방지한다(이상 히구치 씨의 저술에 의함).

한대의 시체의 보존은 당시의 중국의 과학기술이 얼마나 높았던가를 엿보게 하는 한 면이다. 다시 같은 시대의 학술적 대저술 이야기로 돌아가 2세기에 이집트에서 저술된 프톨레마이오스의 『알마게스트』에 대해 설명하겠다.

환상의 산물, 방대한 천문체계

코페르니쿠스는 1500년 가까이 군림하고 있던 프톨레마이오스 천문학(천동설)을 뒤집는 태양중심설(지동설)을 발표했는데, 1500년 가까이나 계승된 프톨레마이오스 천문학이란 어떤 것일까.

지상의 왕자인 위대한 인간이 살고 있는 지구가 우주의 중심이라고, 고대인들이 생각한 것도 무리가 아니었다. 지구를 중심으로 하면 달과 태양은 단순한 원형궤도를 따라서 지구를 돌고 있는 듯 보인다. 그런데 행성의 운동은 복잡하다. 위에서도 말했듯이, 천체의 궤도는 원이거나 원의 모양과 관련이 있는 것이 아니면 안 된다는 플라톤 사상의 영향을 받아 후세의

학자들은 원에 의해서 행성의 궤도를 나타내려고 노력했다. 그 첫걸음은 「천체가 그리는 원궤도의 중심은 지구에 있지 않고, 지구에서 약간 벗어나 있다」는 발상법이다. 이와 같은 원을 「이심원(離心圓)」이라고 한다(이심원을 도입한 것은 기원전 2세기의 히파르코스였다).

그러나 이심원만으로는 도저히 행성의 운동을 설명할 수 없었다. 그래서 프톨레마이오스는 「주전원(周轉圓)」이라는 복잡한 궤도를 가정했다. 그것은 다음과 같은 것이다. 이를테면 화성에 대해서는 우선 하나의 원궤도를 생각한다. 그러나 화성이 이 원궤도 위를 직접 돌고 있는 것이 아니고, 가상의 화성이 이 원궤도를 회전하며, 진짜 화성은 가상의 화성을 중심으로 해서 원궤도를 그리며 움직인다는 것이다(마치 달이 태양을 돌듯이).

이리하여 프톨레마이오스는 그리스 천문학의 별에 대한 관측 데이터

그림 15 | 프톨레마이오스의 지구중심설

등을 계승하여, 81개의 이심원과 주전원을 연구해서 지구를 중심으로 하는 태양계의 엄밀하며 방대한 체계를 이룩했다. 엄밀하다지만 물론 공상의 체계다. 프톨레마이오스는 이 천문학체계에 대해서 저술을 했는데, 이 책은 오늘날 『알마게스트』로 알려져 있다. 알마게스트라는 책 이름은 아랍어로 번역된 것을 라틴어로 번역할 때 붙여진 이름으로, 아랍어로 『위대한 수학체계』라는 뜻이다.

이 환상적인 천문체계가 오랫동안 권위를 유지할 수 있었던 것은 정밀한 계산으로 표면적이기는 하지만, 많은 별의 움직임을 정확하게 나타낼 수 있었기 때문이다. 훨씬 후에 코페르니쿠스가 태양중심설(지동설)을 제창했어도 관측상의 정밀성은 프톨레마이오스와 거의 변함이 없었다. 다른 점은 코페르니쿠스설이 더 논리적이고 진실에 더 가깝다는 것이었다.

인도의 숫자

18과 108과 180을 로마의 기수법(記數法)으로 나타낸다면 XVIII, CVIII, CLXXX이 된다. 그러나 인도 숫자(아라비아 숫자)로 쓰면 18, 108, 180이 되어 훨씬 편리하다.

또 하나의 예를 든다. 4484를 로마식으로 쓰면 MMMMCCCCLXXXIIII이다. 인도 숫자와의 차이가 명백하다. 인도의 표현법에서는 4가 세 번이나 나온다. 즉 같은 문자(4)가 그 이어지는 자리에 따라서 다른 수를 나타내는 구조로 되어 있다.

말을 바꾸면 「자리잡기」의 기수법으로 되어 있다. 이 두 가지 예로서 인도에서 고안된 「0」과 1 2 3 4 5 6 7 8 9의 숫자의 효용을 곧 알 수 있다. 자연수를 자유로이, 그리고 간단하게 나타낼 수 있고, 그 위에 두 수의 대소가 일목요연하다.

필산이 되면, 그 차이는 더욱 커진다. 이를테면 348×17은 필산으로 곧 5916으로 나오지만 로마식이라면 CCCXXXXVIII×XVII 이고, 답이 MMMMMCCCCCCCCCXVI(5916)이 되므로 매우 복잡하다. 로마식의 숫자는 수를 표현하는 데밖에 쓸 수 없고, 필산에서는 다른 아주 복잡한 방법을 구사하지 않으면 안 된다.

0을 포함하는 인도 수학이 얼마나 편리한가를 위의 예에서 분명히 보았다. 고대 중국 숫자는 로마 등의 고대 서양식 숫자보다 훨씬 편리하지만, 인도 숫자와 비교하면 아직 뒤떨어져 있다. 인도의 이 초보적인 한걸음이야말로 산술과 수학에 무한한 가능성을 열어주었고, 나아가서 자연과학을 크게 발전시키는 열쇠가 되었던 것이다.

그러면 인도에서 0과 인도 숫자가 고안되고 널리 사용된 것은 언제쯤이었을까. 자세한 것은 아직 알려지지 않았지만 기원 원년 전후라고 추측된다. 그 증거로 당시의 불경에 자주 100억 이상의 수가 나오는데, 이와 같이 거대한 숫자는 서양식으로는 무리이다. 이를테면 반야경(般若經, 기원전 1세기쯤)에는 「대왕 이제 내가 화하게 하는 바 백억의 수미(須彌, 역자주: 에베레스트산) 백억의 일월(日月)…」이라는 글이 있고, 또 법화경(法華經, 1세기쯤)에서 「5백천만억 나유타아승지의 3천대천세계…」라는 기술이 있다.

인도 과학의 공헌

오카구라 씨가 쓴 『동양의 이상』 가운데서 일부를 인용해보자.

「… 우리는 이 나라를 흐르고 있는 끊임없는 과학의 커다란 강 모습을 지금 보게 된다. 그것은 인도가 산키아 철학과 원자론을 낳은 불교 이전의 시대이래, 전 세계를 위해 지적 진보의 소재를 날아왔고, 씨를 부려왔기 때문이다. 즉 5세기에는 아랴바타(476~550)가 수학과 천문학을 꽃피게 했고, 7세기에는 브라흐마굽타가 고도로 발달한 대수학을 사용하여 …. 우리가 고찰하고 있는 이 시대(6~8세기)에는 아산가와 바스반도를 비롯하여 불교의 전 정력은 감각과 현상의 세계의 과학적 탐구에 던져졌다.」

「초기의 활력과 정열을 갖고 있었던 이와 같은 신념은, 지구가 그 축 주위를 회전하는 것을 발견한 아랴바타나 그에 못지않게 빛나는 후계자 바라하미히라와 같은 천문학자를 낳은 위대한 시대를 이끌어 내었던 것이다. 그것은 또 아마스슐타 밑에서 힌두 의학을 그 정점에 도달하게 한 것이며, 그리고 마지막으로, 후에 유럽에 있어서 결실을 가져오게 된 지식을 아랍에 주었던 것이다.」

이 오카구라의 인도 과학에 대한 기술에는 약간 과장된 곳도 있지만, 기원 7세기 무렵까지 인도의 수학, 천문학과 의학의 수준이 상당히 높았고, 뒤에서 말하듯이 아랍의 학자가 제일 먼저 인도의 과학을 흡수하여 인도 과학이 세계에서 상당한 공헌을 했던 것은 사실이다. 3세기에는 한나라가 멸망하고, 서로마제국도 쇠퇴했는데, 그 후 얼마 동안 세계의 문화중심지는 인도였다. 인도에서는 320년에서 520년에 이르는 200년 동안, 굽타제국이 당시 세계에서 최고의 국가로 번영하여 찬란한 문화가 전개되고, 광범위한 학예에서 두드러진 성과를 남겨 놓았다. 굽타시대의 문학과 예술은 극히 유명하다. 또 자연과학에서도 수많은 업적이 있어 굽타제국이 망한 후에도, 6~8세기에 인도의 자연과학은 계속 발전했다.

8세기 후반에 아랍이 세계 각지에서 과학을 흡수하기 시작했을 때, 제일 먼저 인도에 눈을 돌린 것은 이유가 있었던 것이다. 이를테면 오카구라의 문장에는 나와 있지 않지만, 굽타시대의 파스카라 차르야가 세계에서 처음으로 인력의 법칙을 설명하고 있는 것은 주목해야 할 일이다. 위에서도 언급했지만, 지중해 지역(그리스 등)에서는 지구의 인력을 알지 못하고 목적론의 입장에서 물체의 낙하를 설명하고 있던 시대에 차르야는 「지구가 물체를 끌어당기는 힘은 그 물체의 질량에 비례한다」고 발표했다.

그러나 고대 인도 사람은 오리엔트의 파피루스나 점토판과 같은 보존성이 있는 물품에다 기록하지 않고 특수한 나뭇잎에다 기록했기 때문에 사료가 얼마 남아 있지 않다. 그리고 고대 인도 과학을 연구하는 학자가 아직 소수이며, 고대 인도 과학에 대한 정당한 평가가 이루어져 있지 않다. 그러나 적어도 3~7세기의 수백 년 동안 문학, 예술에 있어서 뿐만 아니라, 자연과학에 있어서도 인도의 시대가 있었다고 말할 수 있지 않을까.

그림 16 | 굽타왕조 당시의 인도 지도

3장

중세 아시아 과학의 영광

왜 이슬람에 주목하는가

과학용어의 유래

상당히 많은 과학용어가 아랍어에서 유래하고 있는데, 그중 몇 가지 예를 들어 보자. 대수의 「알제보라」는 아랍어에서 온 것이다. 그 어원은 유명한 수학자인 알 콰리즈미(생년 불명~850년 무렵 사망)의 수학에 관한 저서 『키탑 알 자브르 왈 무콰발라』에 있다. 이 속의 알 자브르는 어떤 종류의 수식의 이항조작(移項操作)을 뜻했다. 이것이 서구로 전해져서 알제보라로 된 것이다. 산수에서는 본래 인도에서 고안된 인도 숫자가 오늘날 아라비아 숫자라고 불리고 있는 한 가지 것만 보더라도 보급상의 역할과 그 영향을 알 수 있다.

다음 화학에서 두세 개 예를 들어 보자. 우선 「케미스트리(화학)」는 연금술을 뜻한다. 아랍어의 「알 카미야」와 관계가 있다. 알 카미야는 비금속에서 귀금속을 만들어 내는 일이었다.

알칼리나 알코올 등 「알」이 붙어 있는 것도 아랍어에서 유래한 것이다. 「킬리」는 「나무의 재(灰)」를 말하며, 관사 알이 붙어서 알칼리가 되었다. 콜(또는 쿨)은 눈꺼풀에 바르는 화장품을 말했는데, 이것에 관사 알이 붙어서 알코올이 된 것이다. 이와 같은 많은 예로 보더라도 이슬람이 과학사상에서 한 역할이 크다는 것을 엿볼 수 있다.

동서 문명의 융합

11세기 송(宋)의 『영외대답(嶺外代答)』에 「여러 반국(蕃國) 중 부가 왕성하고, 보화가 많기로는 대식국(大食國)만한 데가 없다」라고 적혀 있는데, 이 대식국은 서양에서 말하는 사라센을 가리키며, 여기서는 아랍을 지칭한다. 같은 무렵의 『제반지(諸蕃誌)』에는 「대식국의 배는 1,000여 명을 싣는 큰 배로서, 광주(広州), 천주(泉州)에 입항한다. 수입품은 향약, 상아, 주옥, 마뇌, 수정 등이며 …」라고 기록되어 있다.

이 예로서도 아랍 사람이 얼마나 적극적으로 해외에 진출했는가를 알 수 있다. 아랍 사람은 활발하게 해외로 진출했을 뿐 아니라 아랍의 학자, 더 정확하게 말해서 이슬람의 학자는 일찍부터 주변 국가의 학문을 왕성하게 섭취했다.

그림 17 | 이슬람의 영역 확대도

이슬람의 학자는 많은 외국 문헌을 아랍어로 번역했는데, 770년대에 최초로 아랍어로 번역되어 이슬람권에 소개되었다. 외국의 학문은 인도의 수학, 천문학, 의학이었다. 그러나 이슬람이 가장 영향을 받은 것은 오히려 그리스의 학술이었다. 과학도 철학도 그리스의 감화를 깊이 받고 있다. 과학에서는 그리스 헬레니즘시대의 대저술이 모조리 아랍어로 번역되었다. 또 철학을 뜻하는 아랍어의 팔사파는 그리스어에서 온 것으로 보아 철학도 깊은 영향을 받았다. 특히 플라톤과 아리스토텔레스의 저작은 잘 연구되었다.

이슬람의 과학은 이처럼 동서(東西)의 성과를 섭취해서 형성되고 발전한 것이다. 즉 동서의 고대과학을 융합해서 더욱 그 수준을 높인 것이다.

근대과학의 어버이

11세기의 중앙아시아(부하라)에 있었던 이슬람 최대의 학자 중 한 사람인 아비케나(980~1037)는 『의학전범(医学典範)』이라는 책을 저술했는데, 16세기 전반 유럽 최고의 과학자 중 한 사람인 파라켈주스(1493~1541)는 언제까지나 아비케나를 금과옥조(金科玉條)로 해서는 안 된다고 하여, 제삿날의 모닥불 속에 『의학전범』을 불살랐다. 이것은 아비케나의 의학이 얼마나 유럽에 영향을 주었던가를 암시해 주고 있다.

또 하나의 예를 들자. 아비케나와 거의 같은 무렵(11세기 초)에 활약하고 있던 알하젠(965~1038년)은 렌즈에 의한 광선의 굴절을 연구했는데, 이것이 그 후 유럽의 렌즈 연구에 큰 영향을 미쳤다. 예를 들면 13세기의 유럽 최고의 과학자인 로저 베이컨(1214~1294년)도 알하젠의 연구를 계승한 데 관해서 말하고 있다. 그리고 이 연구의 연장 속에서 17세기 초기에 망원경이 발명되고 같은 세기의 후반에 현미경이 출현한 것이다.

다음으로 특정한 학자의 영향이 아니라 어느 한 분야의 한 예를 들면, 흔히 말하듯이 오랫동안의 아랍 연금술의 경험이 결국 「화학」이라는 학문의 성립에 심대한 공헌을 했다는 사실이다. 화학은 많은 물질의 분석과 다수의 화학반응 지식을 기초로 해서 형성되었는데, 많은 물질과 갖가지 화학반응 지식의 축적은 첫째로 아랍 연금술에서 온 것이다.

이슬람 과학의 역사적 의의는 동서의 여러 과학을 흡수해서, 이들의 수준을 더욱 높이고 서구로 넘겨준 일이다. 「이슬람의 과학은 근대과학의 어버이」라고도 할 수 있다. 이슬람은 근대과학을 위해 많은 기초지식을 제공했을 뿐 아니라 나중에 언급하게 되겠지만, 근대서양의 특징의 하나인 합리주의 정신은 이슬람의 합리주의 사상이 근대 합리주의처럼 철저하지 못했지만 아무튼 이슬람에서 연유한 것이다. 나아가서 과학 방법론에 있어서도 이슬람의 영향을 받은 것으로 생각된다.

1000년 동안 계속된 대문명

16세기 중엽에 코페르니쿠스의 태양중심설(지동설)이라는 획기적인 성과가 나타났는데, 유럽의 과학이 연속적으로 많은 업적을 내놓기 시작하게 되는 것은 1600년 무렵 갈릴레오(1564~1642)가 활약하던 시기 이후다. 그로부터 제2차 세계대전 종료 후인 1945년까지 약 350년 동안 유럽 과학의 시대였고, 20세기 후반부터, 과학 연구의 중심은 미국 등으로 옮겨 갔다. 흥미로운 것은 이슬람 과학의 영광스러운 연대는 더욱 길었다는 것이다. 이슬람의 과학이 대두된 것은 770년이며, 이슬람 과학의 전성기는 800년 무렵부터 1200년까지의 400년 동안이었다. 또 800년 무렵부터 1400년까지의 600년 동안 이슬람의 과학문화는 거의 세계 최고의 위치에 있었다.

시간적인 길이보다도 질이 더 중요하다고 할지도 모른다. 유럽이 건설한 근대과학이 극히 중요하다는 데는 말할 나위가 없지만 근대과학이 형성되는 데 있어서 이슬람이 쌓아 올린 기반이 필요했었다는 것을 고려하지 않으면 안 된다.

과학 또는 과학문화를 떠나서 유럽의 영광이란 측면에서 본다면, 유럽시대라고 일컬을 수 있는 것은 18세기 중엽에서 1910년대의 제1차 세계대전까지의 200년에 불과한 기간이었다(18세기 초에는 아직 아시아가 유럽에 비해 우위에 있었다. 제1차 세계대전 후에는 세계의 중심이 유럽에서 미국으로 옮겨 갔다). 그런데 이슬람의 번영시대는 약 1000년이나 계속되었던 것이다. 이에 대해서는 다음 한 가지 점을 지적함으로써 어느 정도 상상이 가능할 것이다.

17세기에는 인도를 지배한 무갈제국(이슬람제국)이 전성기에 있었고, 같은 무렵 이란의 사파비왕조(이슬람왕조)에서는 「이스파한(수도 이름)은 세계의 절반」이라고 일컬어질 만큼 번영했다. 그 위에 당시 오스만제국(최대의 이슬람제국)은 이미 우크라이나와 발칸을 지배 하에 두고, 지중해 연안의 과반부(북아프리카 일대)를 지배했던 것이다.

즉, 이슬람의 영광은 7세기에 시작해서 17세기에 이르기까지 최고조에 달했다. 그리고 지금 다시 이슬람은 불사조처럼 되살아나고 있는 중이라는 점에도 주목하지 않으면 안 된다.

이슬람의 영광

아바스왕조의 영화

최초의 이슬람왕조인 우마이야왕조는 749년에 멸망하고, 대신 750년부터 아바스왕조시대가 시작되었는데 이 왕조의 2대인 뛰어난 군주 알 마문(754~775 재위)은 바그다드를 수도로 삼았다. 수도 건설은 762년에 시작되었는데, 그때 국왕이 점성술사로 고용하고 있던 두 천문학자에게 예비로 측량을 시켰다. 당시 천문학과 점성술은 아직 뚜렷한 구별이 없었다.

바그다드는 삼중의 성벽으로 둘러싸여 있고, 그 바깥에 깊은 도랑을 판 정원형(正円形) 도시로 둥근 성이라고 불리었다. 도랑 나비는 20.27m이며, 제1성벽의 두께는 기초부가 9m이다. 도시 중심에는 금색 대문을 가진 칼리프(교주 겸 국왕)의 궁전이 있는데 높이는 50m로 금문궁(金門宮)이라 불리었다. 삼중으로 에워싸인 성 안에 사는 사람은 관리나 칼리프의 직속 부하뿐이고, 시민은 성 밖에 시가를 이루어 거주하고 있었다.

바그다드성은 아바스왕조의 영화의 상징이었는데, 제5대 하룬 알 라시드(786~809 재위)와 제7대 아브달라프 알 마문(815~832 재위) 때 아바스왕조는 전성기를 맞이했다. 이 두 칼리프는 모두 과학, 예술, 문학의 보호자로서도 유명했다. 라시드시대에 그리스의 학문이 대량으로 도입되었고, 유명한 『아라비안나이트』의 원형이 만들어졌다. 『아라비안나이트』에

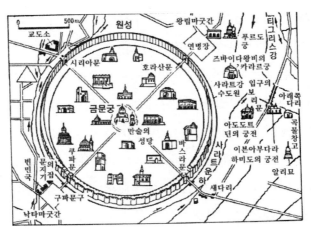

그림 18 | 이슬람의 수도 바그다드

는 180개 정도의 설화(說話)가 나오는데, 라시드의 이름이 등장하는 것이 50개 남짓 포함되어 있다.

아바스왕조의 과학의 일면

아바스왕조 제7대 칼리프인 알 마문은 이 왕조 최대의 왕이라고 일컬어진다. 그는 그리스의 학문에 깊은 관심을 가졌고 특히 아리스토텔레스를 존경했다. 꿈속에서 아리스토텔레스와 문답한 것이 책으로 기록되어 있다.

이와 같이 학문에 열성을 보인 마문은 수도 바그다드에 바이트 알 히크마(슬기의 집)라고 불리는 학원을 설립하고, 여기에 학자를 모아 연구하게 했다. 「슬기의 집」 안에는 도서관과 천문관측소도 있었다. 유명한 수학자인 알 라리즈미도 여기서 연구했다. 이 시기에 아라비아의 과학은 번역시대에서 탈피하여 많은 연구 업적을 남겼다.

칼리프는 천문학자에게 명하여 훌륭한 천문표를 만들게 하고, 이것을 「마문표」라 이름을 붙였다. 천문표에 칼리프의 이름을 붙인 것은 자기 이름을 후세에 남기기 위해서였다. 마문시대에 이슬람 과학은 절정에 달했는데, 한편으로 이 무렵부터 아바스왕조는 쇠퇴하기 시작해서, 9세기 말부터 이슬람 과학의 중심은 바그다드에서 다른 곳으로 옮겨졌다. 일찍이 아바스왕조가 통치했던 광대한 영토는 마문시대부터 분열하기 시작하더니, 9세기 후반에는 중앙아시아에서 북아프리카에 걸쳐 몇몇 이슬람 국가가 새로이 탄생했다. 그러나 이것은 오히려 과학 연구를 확산시키고 과학의 진보를 촉진시키게 되었다.

이슬람 르네상스

아바스왕조에서 떨어져 나가 생긴 최초의 국가는 중앙아시아의 부하라를 중심으로 하는 사만왕조다. 사만왕조는 819년부터 1005년까지 약 200년 동안 계속되었는데, 그동안 뛰어난 많은 학자가 배출되었다. 그중에서도 주목되는 것은 아리스토텔레스와 마찬가지로 만능의 학자이며, 이슬람 사상 최대 학자의 한 사람인 아비케나가 11세기 초기에 활약한 일이다.

또 10세기 초기에 튀니지에 파티마왕조라고 불리는 국가가 등장했는데, 10세기 말 수도를 카이로로 옮긴 후 카이로를 거점으로 과학이 두드러지게 번영했다. 그 이유는 국왕 하킴(996~1020 재위)이 바그다드의 「슬기의 집」에 대항해서 카이로에 슬기의 집을 건설하여 학자를 보호했기 때문이다. 특히 11세기 초기의 천문학자 이븐 유누스와 물리학자 알하겐은 과학사에서 극히 중요한 인물이다.

한편 이베리아반도에 성립된 후기 우마이야왕조는 10세기에 전성기를 맞이하여 코르도바를 중심으로 번영했다. 따라서 10세기 전후의 이슬람 세계에는 부하라, 바그다드, 카이로, 코르도바의 네 중심지가 있었고, 이 네 수도를 중심으로 거의 동시에 과학이 발달했던 것이다. 특히 10세기 후반에서 11세기에 걸치는 기간은 몇몇 지역에서 과학, 문예, 철학이 두드러지게 발전한 시기로 주목받고 있으며 이 시기를 이슬람 르네상스기라고 부를 수 있다. 이 르네상스는 중앙아시아에서 이베리아반도에 걸치는 광대한 지역에서 거의 동시에 일어났다는 점에서 놀랍고, 또 그 규모는 중국 송(末)대의 르네상스나 유럽의 르네상스를 훨씬 능가하는 것이었다.

어째서 이렇게 웅대한 르네상스가 일어났을까. 한마디로 말한다면 이슬람 세계의 무역(경제) 발전을 배경으로 각지에서 과학이나 문예가 발전했던 것이다. 한편 10세기 후반부터 원래 중앙아시아에 있었던 터키 사람들이 활발하게 서아시아로 침입하여 결국 서아시아를 정복했다. 하지만 이슬람 세계의 과학문화는 번영을 계속했던 것이다(터키 사람들은 급속하게 이슬람화했다). 그 후 몽골의 침공, 티무르의 정복 등이 있었지만, 이슬람의 과학문화는 여전히 계속해서 발전하고 있었다. 예를 들면 15세기에는 사마르칸드(티무르제국)에서 당시 세계 최초의 천문대가 건립되어 이슬람 천문학의 전통이 계승되고 있었다.

이슬람 과학의 조류

학문의 계승자

6세기 전후의 유라시아대륙은 문화의 암흑시대였다고 할 수 있다. 헬레니즘문화는 이미 쇠퇴하고 인도의 번성기도 사라졌으며, 중국에서는 주요 지역이 북방의 기마 민족에게 점유되었다.

중국은 히말라야 때문에 다른 주요한 문명지대와 격리되어 있었으므로 중국은 별도로 치더라도 인도에서 유럽, 아프리카에 이르는 광대한 지역에서 문화의 햇불을 지키고 있었던 것은 사산왕조의 페르시아와 동로마제국의 몇몇 도시였다. 그중에서 특히 중요한 것은 이란 서남부에 있는 준디 샤푸르이다. 여기에는 여러 지역의 학자들이 흘러들어와 차츰 서유라시아의 학술중심지가 되어 갔다. 먼저 431년 에베사스 종교회의에서 정통파 그리스도교로부터 파문당한 경교도(네스토리우스파)가 샤푸르로 이주했는데, 그들은 그리스 과학을 이 땅에 중개했다. 다음 529년에 아테네의 철학 연구기관이 폐쇄된 후, 그리스 과학자들은 피난지로서 샤푸르를 택했다. 이와 같이 그리스 과학이 대량으로 흘러들어 왔을 뿐만 아니라, 사산왕조의 영주 호스로 1세는 인도의 의학서와 천문학서에 흥미를 가지고 이것들을 페르시아어로 번역시켰고, 또 각종 그리스 과학서를 페르시아어나 시리아어로 번역하게 했다. 이 때문에 이 도시는 그리스, 시리아, 이란, 인도 등의 학자들의 집합지가 되었다.

642년 아랍군대가 사산조를 괴멸시켰는데, 샤푸르는 다행히 파괴를 면하여 7세기의 아랍 지배 하에서 이 도시는 의학 및 과학 연구의 중심지로서 존속했다. 그리고 750년~아바스왕조 시대에 접어들어 아랍이 팽창시대에서 건설시대로 옮겨 갔을 때, 이란계 이슬람교도가 활약하게 됨으로써, 샤푸르는 이슬람 과학의 발상지가 되었다.

이슬람 과학의 발흥

과학사의 선구자인 G. 사튼(1884~1956)은 「이슬람은 선진 문명을 섭취하는데 2세기나 걸렸다」라고 말하고 있다. 어떤 의미일까. 이슬람이 아라비아반도에서 외부를 향해 팽창하기 시작한 것은 마호메트가 죽은 632년이었다. 그리고 이슬람의 과학자가 인도, 그리스 등의 선진과학의 소화를 마치고 독창적인 활동을 시작한 것은 아바스왕조 제7대 칼리프인 알 마문시대(813~835 재위)였다. 따라서 약 200년이라고 사튼은 생각한 것이다. 이미 말한 바와 같이 사실은 이슬람의 학자가 선진 문명의 섭취를 시작한 것은 제2대 알 마문시대(754~775 재위)였으므로 섭취 기간은 약 50년으로 정정되어야 할 것이다.

아바스왕조 초기는 아직 전란 시기였으나, 제2대 알 만수르는 770년 무렵부터 선진과학의 번역을 명했다. 먼저 772년에 인도의 저명한 천문학서 『시단타』를 아랍어로 번역하도록 명했는데, 이 책에서 오늘날 만국 공유의 인도 숫자(아라비아 숫자)가 사용되고 있었다. 이어 인도의 의학서도 아랍어로 번역되었다. 샤푸르의 학자들을 통해서 수준 높은 인도 학문을 알고 있었기 때문이다. 그러나 제3대 칼리프 알 마흐디(775~785 재위)는 그리스의 과학에 주목하고, 많은 그리스 과학서를 번역하게 했다(초기의 번역은 인도어나 그리스어에서 이미 시리아어나 이란어로 옮겨져 있는 것을 아랍어로 번역하는 일이었다). 이로써 수십 년 동안 이슬람의 학자는 대량의 그리스 문헌을 아랍어로 옮기는 작업을 계속했다. 그만큼 그리스 과학이 존중되고 있었던 것이다.

제5대 하룬 알 라시드시대에는 그리스어 문헌의 번역이 가장 활발했고, 예술, 문학도 두드러지게 번창했다. 그리고 제7대 알 마문은 이 왕조 최대의 왕자로서 이 시기에는 그리스어 문헌의 번역이 계속되는 한편, 이제는 이슬람 학자에 의한 독창적인 연구가 나타나기 시작했다. 이를테면 알 파르가니(850년에 활약)는 『천체의 운동과 별의 과학의 책』이라는 천문학서를 저술했는데, 이것은 아랍어로 쓰인 최초의 정리된 천문학서다. 이 책은 후에 라틴어로 번역되어, 유럽 세계에 큰 영향을 주었다[이 상 야지마 지음 『아랍과학 이야기』에서].

아비케나

이슬람의 학자 중에는 만능 학자가 많았는데, 그중에서도 아비케나(아랍 이름 이븐시나)는 두드러진 존재였다. 그의 『의학전범』이 유럽에 미친 영향은 이미 앞에서 기술했지만 아비케나가 가장 심혈을 기울인 것은 사실 신학과 철학이다. 그의 최고의 주저는 『쾌유(快癒)의 책』으로 18권이다.

쾌유라고 하지만, 의학적인 것이 아니고 영혼의 쾌유라는 뜻으로 철학을 중심으로 한 백과전서이다. 아비케나는 아리스토텔레스, 알 파라비(950년 사망)에 이어 「제3의 스승」이라고 불리고 있다.

그런데 아비케나의 업적은 철학, 신학과 의학에서 두드러질 뿐 아니라 당시 학문의 거의 전 분야에서 뛰어난 업적을 남겼다. 이를테면 수학자로서 유클리드기하학의 번역에 참가했고, 자기가 발명한 장치로 별의 관측을 시도한 천문학자이기도 하다. 또 『쾌유의 책』에서는 철학, 신학 외에 수학, 기상학, 지질학, 광물학, 식물학, 동물학 등에 관해서도 뛰어난 많은 견해를 기술했다. 한편 아비케나는 훌륭한 시를 쓴 시인이기도 했다.

아비케나의 저서는 모두 100권에 이르며, 그중에서도 『의학전범』과 『쾌유의 책』은 후세에 큰 영향을 준 역사적 명저다. 그렇다면 그는 어떤 생활을 했을까. 그의 일생은 끊임없는 방랑의 불안정한 생활과 모험의 연속이었다. 아비케나는 부하라와 가까운 마을에서 태어났고(990), 어린 시절에는 면학 환경이 좋아 일찍부터 뛰어난 재능을 발휘했다. 특히 의학에 정통했기 때문에 부하라에서 지배자의 총애를 받아 궁정의 높은 자리에 올랐다. 그런데 몇 년 후인 1012년 영웅 마후무드가 부하라 주변을 공략함으로써 아비케나는 사막을 횡단하여 호라산으로 피했다. 이 사막여행 중 동행자 몇 사람은 사망했다. 몇 해 후에 아비케나는

그림 19 | 아비케나

페르시아의 하무단으로 가서 지배자의 치료에 성공하여 궁정에서 융숭한 대우를 받아 한때 제상에까지 올랐다. 그런데 다시 그 몇 해 뒤에는 투옥되기도 했다. 그러나 기회를 엿보아 탁발승으로 변장해 탈출하여 이스파한(이란의 도시)으로 피신한 뒤 거기서 얼마 동안 연구를 했다. 그러나 그것도 오래 가지 못하고 얼마 후 이스파한이 공략되자 아비케나는 하무단으로 돌아와 있다가 그곳에서 생을 마감했다.

이와 같이 파란만장의 생활을 보내면서 아비케나는 의학사상 가장 영향력이 컸던 대저를 남겨 중세 스콜라철학의 기초를 만들고, 또한 많은 분야에 걸쳐 큰 업적을 남겼던 것이다.

삼각법과 대수

삼각법은 인도에서 창안되어 아랍으로 전해졌다. 인도에서는 사인과 코사인만 사용되었는데, 10세기 후반의 아블 르 와파(940~998)에 이르러 6개의 삼각함수가 갖추어졌다. 아블 르 와파는 세밀한 삼각함수표를 만들었고, 또 $\sin(a \pm b)$의 공식, , , 등의 공식을 구사해 삼각함수를 수학 속의 독립된 학문으로 등장시켰다. 한편 와파와 거의 같은 무렵에 천문학자로서 활약하고 있던 알 바티니(858~929)는 구면삼각법도 사용했다.

다음 이슬람의 대수(代數)는 알 콰리즈미에서 비롯되었다. 그는 2차방정식을 풀기 위한 기하학적 해법을 시도했다. 또 그는 이슬람 세계에서 처음으로 0을 사용한 수학자라고 일컬어지며, 그의 저작은 『인도 숫자에 대한 콰리즈미의 책』이라는 표제로 라틴어로 번역되어 인도 숫자(아라비아 숫자)가 유럽에 알려지는 실마리가 되었다(12세기의 일이다).

콰리즈미의 뒤를 이어 대수를 연구한 것은 아브 카밀인인데, 900년 무렵 활약한 수학자로 2차방정식의 두 근을 구하는 방법을 연구했다. 이어 아블 르 와파(998년 사망)는 2차 및 그 이상의 고차방정식을 풀기 위한 기하학적인 방법을 연구하고 발전시켰다. 또 같은 무렵의 하진(961년 무렵)은 원추곡선을 사용하여 3차방정식을 풀었다. 이처럼 기하학적인 대수학은 이슬람의 수학자에 의해 개발되어 어느 정도 진전되었다. 종래의 과학사에서 17세기에 데카르트가 해석기하학을 창시했다고 하는 것은 옳지 않다.

또 아블 르 와파는 $x4=a$ 및 $x4+ax3=b$형의 4차방정식을 풀었으며, 한편 비루니(973~1048)는 라이프니츠보다 6세기나 일찍이 함수의 개념을 설명하고 구사했으며, 카르히는 지수(指數)와 무리수의 이론을 전개했다. 게다가 우말 알 하이야미노(1124년 사망)는 3차방정식을 13종류로 분류하여 그 대부분의 것에 기하학적 해법을 시도했다.

이슬람의 천문학

5대 칼리프 알 마문시대에 지구의 크기를 측정하는 대사업이 바그다드(829~830)와 다마스쿠스(832~833)에서 이룩되었다. 그것에 의하면, 위도 1°의 지표상에 있어서의 길이는 113.3km다. 이것을 360배 하면 진구(眞球)라고 간주한 지구의 원주의 길이가 나온다.

830년 무렵은 이슬람 천문학의 발흥기인데, 이슬람 최대의 천문학자는 알 바타니일 것이다. 그는 9세기 말기에 태양의 운동을 관측하고, 그 겉보기의 각반경(角半徑)의 변화를 제시해서 전환식(全環餘)의 가능성을 논했다. 천문학에서 그는 구면삼각법을 구사했는데, 이 분야의 중요한 기본적 관계를 밝혔다. 그의 저서는 라틴어로 번역되어 유럽에서 16세기까지 권위를 유지했다.

10세기에 접어들면서 이베리아(에스파냐)의 후기 우마이야왕조의 번영과 더불어 이 땅의 과학도 발전하기 시작했다. 10세기 후반에 코르도바(후기 우마이야왕조의 수도)는 세계의 보석이라고 불리었을 정도였다. 이 고장의 제일 고명한 천문학자는 유럽에서 알자케르(1027~1087)라고 불리는데, 본명은 아부 이브라힘 이븐 야히아 안 나카시라는 긴 이름이다. 프랑스의 천문학자 르베리에는 알자케르가 행성의 타원궤도를 제창했다고 말하고 있으나, 이에 반대하는 학자도 있다. 그러나 알자케르가 제작한 『톨레도표』(톨레도는 지명)는 유럽에서 높이 평가받았다.

이슬람의 천문학자로서 유럽에 큰 영향을 준 사람은 상당히 많다. 예를 들면 자빌 이븐 아프라프(12세기 전반)는 『천문서(天文書)』라는 책을 남겼는데 이 책은 유럽에서는 『알마게스트 비판서』라고 일컬어지고 있다.

주목할 만한 광학 연구

「물체가 보이는 것은 물체에서 오는 광선이 안구(렌즈)에 들어가 망막에 상을 맺기 때문이다」라는 것(A)은 오늘날 상식이다. 그러나 옛날 사람들은 그렇게 생각하지 않았다. 「눈에서 광선이 나오기 때문에 물체가 보인

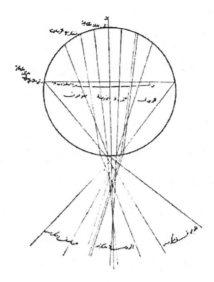

그림 20 | 알하젠의 광학 연구

다」라고 생각했던(B) 것으로 전혀 반대되는 의견이었다.

렌즈가 아직 없었던 11세기에 B에서 A로 사상적 전환을 시킨 사람이 카이로에서 연구하고 있던 알하젠이었다. 이것은 일종의 코페르니쿠스적 전환이었다. 즉 그는 인간의 눈을 광학적으로 설명한 최초의 인물이었다. 그것은 단순한 상상이 아니라 과학적인 방법에 의해서 제시되었던 것이다.

알하젠의 이 연구가 서구에 전해졌을 때 눈의 구조에 대한 라틴어가 없었기 때문에, 다시 말하면 그때까지 눈의 구조를 생각한 일이 없었으므로 새로운 라틴어를 만들지 않으면 안 되었다. 이를테면 cornea(각막), retina(망막) 등의 말이 이때 만들어진 것이다.

거울에 입사한 광선이 어느 방향으로 반사하는가는 첫째로 기하학적인 문제다. 거울이 평면인 경우는 빛의 반사가 간단하지만, 볼록면 거울이나 오목면 거울에서는 약간 복잡해진다. 알하젠은 이와 같은 당시로써는 어려운 문제를 해결하고 나아가서 렌즈에 의한 빛의 굴절로 상이 어디에 맺어지는가를 수학적으로 해석해 보였다.

빛의 굴절에 대해서는 오늘날 유명한 스넬의 법칙이 알려져 있다. 이것은 빛이 공기로부터 물로 들어갈 때, 입사각(수면에 세운 수직선과 입사광선이 이루는 각)의 사인과 굴절각(굴절광선이 같은 수직선의 연장과 이루는 각)의 사인의 비가 일정(이 상수가 굴절률)하다는 것을 가리킨다. 그런데 2세기 때 프톨레마이오스는 「입사각과 굴절각은 일정한 비를 이룬다」고 발표하고, 이를 프톨레마이오스의 굴절 법칙이라고 불렀다. 그러나 알하젠은 실험을 통해 프톨레마이오스의 법칙은 입사각이 작을 때만 성립한다는 것을 지적했다. 알하젠은 프톨레마이오스에서 스넬로의 교량구실을 했던 것이다.

알하젠은 실험과 수리적 해석을 중요시해서 많은 업적을 올렸다. 그 연구방법은 근대과학의 연구방법과 거의 같았다. 따라서 근대과학의 연구방법을 모두 유럽 사람이 확립했다고 하는 종래의 생각은 사실 옳지 못하다. 적절한 인용이 아닐지 모르지만 H. J. 슈테리히가 저술한 『서양과학사』에는 이렇게 적혀 있다. 「알하젠과 더불어 광학은 근대적 실험과학의 모습을 찾기 시작했다. 즉 일반적으로 근대 실험과학이 시작된 시기로 잡고 있는 베이컨이나 갈릴레오보다 수세기나 빨리…」 또 이토 씨는 기무라 편 『과학사』의 "3장 중세의 과학"에서 이렇게 적고 있다. 「그야말로 수학적인 엄밀성과 실증적 정신을 모두 가진 아랍 최대의 과학자였다.」

보석의 비중 등

고대 이래 어느 지역의 사람이건 보석을 좋아했는데, 아랍 사람은 그이전 사람보다 더 보석에 관심을 가지고 있었다고 말할 수 있지 않을까. 그한 가지 원인은 생활이 더욱 풍족해졌기 때문이다. 보석의 감정 등에서 귀금속 비중의 연구가 진행되고, 다시 9세기 이후는 아랍의 과학 애호 정신과도 관련해서 갖가지 물질의 비중이 정확하게 측정되었다.

이슬람의 과학자는 많은 보석에 관한 책을 저술했는데, 가장 오래된것은 9세기의 우타리드 이븐 무하마드의 『돌과 보석의 책』이다. 11세기의 알 비르니도 『보석론』을 남겼는데, 금과 은 등 18종의 비중을 정확하게 들고 있다.

12세기에는 비중 측정이 상당히 정확해졌는데, 알 하지니라는 물리학자가 얻은 수치를 예로 들겠다. 보석류에서는 금(19.05), 사파이어(3.96), 루비(3.58), 에메랄드(2.60), 진주(2.60)이며, 금속에서는 수은(13.56), 납(11.32), 구리(8.66), 놋쇠(8.57), 쇠(7.74), 주석(7.32)이다. 또 인간의 피(1.032), 바닷물(1.041), 온수(1.00), 끓은 물(0.958), 빙점의 물(0.965)이라는 값도 얻고 있다.

이들 비중을 측정한 알 하지니는 처음에는 노예였는데 후에 해방되어대학자가 되었다. 이슬람 사회에서 노예는 종신 노예가 아니었고 일정 기간 일하면 후에 해방되었다. 그 때문에 노예 출신의 대학자나 고관이 있었을 뿐 아니라, 전에 노예였던 위인이 수립한 왕조(노예왕조라고 불린다)도 몇몇 있었다. 알 하지니는 비중 외에도 모세관현상의 연구, 지레의 이론 등 많은 업적을 남겼는데, 특히 중력 이론이 주목된다.

다음 13세기에는 페르시아 사람 알 와즈비니(1203~1283)라는 학자가 『우주지(宇宙志)』라는 백과사전을 저술했다. 그 내용은 항성, 행성, 기타의 천체, 연대학, 동물, 식물, 광물, 나아가서 인간 일반에 대한 것이다. 이와 같은 책이 나온 것은 당시 이슬람의 학술문화 수준을 상징하는 것으로서 흥미 깊은 일이다.

또 같은 13세기에 이집트에서 『보석의 사상(思想)의 꽃의 책』(1242년 무렵)과 『돌의 지식에 관한 상안의 보배』(1282년 무렵)라는 책이 나왔다는 것을 덧붙여 두자.

이슬람 의학의 서구에의 영향

이슬람 의학은 인도나 그리스 등의 의학을 계승해서 발전했다. 특히 인도 의학의 영향이 심대했다. 9세기의 알리 빈 라반 아타바리(페르시아 사람)는 850년 무렵에 『지혜의 낙원』이라는 의학서를 저작했는데, 그중 2장은 인도 의학의 요약과 인도 약품의 기술로 충당되어 있다.

이슬람의 많은 의학서 중에서 유럽에 가장 큰 영향을 준 것은 위에서 든 아비케나의 『의학전범』과 독창적인 대의학자 앗 라지(865~925)의 저서이다. 라지가 저술한 『천연두와 마진(麻疹)의 책』은 천연두와 마진의 증상례를 의학적으로 바르게 구별한 최초의 책이다. 먼저 라틴어로 번역되고 이어서 유럽의 몇몇 나라 국어로 번역되어 1866년에 이르기까지 판을 거듭했다. 라지는 독창적인 의학자인데 그 최대의 업적은 어쨌든 20권으로 이루어진 대저 『의학집성(醫學集成)』이다. 이 대저는 과

그림 21 | 아비케나의 옛날 책

거의 의학서의 상세한 조사와 자신의 임상적 연구를 훌륭하게 종합한 것이다. 1279년에 시칠리아에서 라틴어로 번역되었는데 처음으로 인쇄된 것은 1486년이고 1542년까지 몇 번이나 판을 거듭했다. 유럽에서는 차츰 아비케나의 『의학전범』과 대치되었다. 라지와 같은 무렵 이집트의 파티마 왕조에서는 궁정 의사 이스하크 알 이스라이리(855~932년 무렵)가 활약했다. 그는 『요론(尿論)』, 『약초와 자양』(按養) 등 많은 의학서를 남겼는데, 특히 『요론』은 유럽 의학계에 큰 영향을 주었으며, 그 라틴어역은 17세기에 이르기까지 읽혔다.

다음으로 10세기 말에 활약한 후기 우마이야왕조(이베리아)의 궁정의사 아브 알칸은 외과 의학의 대가다. 그 대표적인 저작은 의학백과전서『타스리프』인데, 그 특징은 산과와 눈, 귀, 치아의 수술 및 수술기구, 외상의 소작(燒灼), 해부 등을 기술한 외과 의학에 관한 부분이다. 이 책의 외과 부분이 18세기까지 유럽에서 사용되었다는 것은 이미 말한 바와 같다.

한편, 유럽에 최대의 영향을 미친 아비케나의 『의학기준(医学基準)』 전

5부의 구성은 다음과 같다. 제1부는 생리학, 해부학과 질병에 대한 일반론을 설명하고, 제2부는 약초를 해설하고 있다. 제3부는 질병에 대한 설명인데 머리, 뇌, 눈, 귀, 코, 입, 혀, 이, 잇몸, 목, 흉부, 허파, 심장, 식도, 위, 췌장, 담낭, 비장, 장, 생식기의 차례로, 위에서 아래로 기술하고 있다. 제4부는 다른 면에서 본 질병에 대해서, 이를테면 열, 궤양, 골절, 독물, 피부병 등, 그리고 제5부는 복합약품과 치료를 설명하고 있다.

이 책의 최대의 특징은 병의 구별, 이를테면 늑막염과 폐렴, 간염의 증상을 정확하게 구별한 점과 물이나 음식물, 토양에 의한 질병의 매개에 대해서 바르게 관찰하고 있다는 점, 심리상의 문제를 분석한 점 등이다. 이를테면 상사병에 대해서, 그 증상은 체력의 감퇴 등 여러 가지 만성적 질환이며, 그 치료법은 꿈에도 그리워 못 견디는 상대와 결혼시키는 수밖에 없다고 기술하고 있다〔이슬람의 개별과학은 주로 야지마 저, 『아랍과학 이야기』에서〕.

놀라운 송대의 의학

새로이 발견된 사실

1939년 이스탄불의 하기아 소피아 도서관에서 600년 이전에 대한 자료에서 주목할 만한 사실이 발견되었다. 딘 알 하무다니(1247~1318)가 편집한 『중국의 의학과 정치에 관한 전집』(전 4권)의 페르시아어 역 제1권(1313년 무렵에 저술)에 나오는 5장도(五臟圖)는 200년 전(1113년)에 송대의 양개(楊介) 등이 쓴 『존진환중도』(存眞環中圖, 인체해부도) 속의 『현문맥결 내조도(玄門脈訣內照圖)』에 바탕을 두고 있다는 것이 명백해진 것이다. 이것은 1313~1314년에 다비츠(이슬람의 도시)에서 양개들의 그림을 복사한 것이다.

이것은 극히 중요한 사실을 암시하고 있다. 1543년에 파도바(이탈리아)의 의학 교수 A. 베잘리우스가 간행한 인체해부는 고대(서양) 의학을 뒤집는 중대한 것이라고 말해 왔는데, 이것은 지금 말한 1313년 무렵의 다비츠에서 묘사된 그림을 참조한 것이 아닐까 하는 의문이다.

문제의 양개들의 인체해부도는 12세기 초에 안휘성(安徽省, 양자강 중류)의 사주(泗州)에서 제작되었다. 당시의 군수(郡守) 이이행(李夷行)이 그 이전의 인체해부도보다 더 훌륭한 것을 만들기를 소원하여 처형된 도적(시체)을 해부하고 의사(양개)와 화가에게 명하여 장부를 그리게 한 것이다.

베살리우스의 해부도

베살리우스(1505~1564)는 벨기에 브뤼셀에서 태어났다. 라이덴과 파리에서 유학하고 파도바로 가서 23세 때 파도바대학의 외과 교수가 되었다. 그리고 오랫동안 파도바에 체재하면서, 1543년에는 획기적이라고 할 인체해부도를 완성했다.

획기적이라는 것은 무엇일까. 로마시대 의학의 권위자 갈레노스의 학설을 타파한 것으로, 인간의 심장은 좌우 둘로 나뉘어져 있으며 그 중간에는 두꺼운 벽(살)이 있다는 것을 발견했던 것이다. 갈레노스의 설에 의하면 선홍색 동맥혈과 암적색 정맥혈은 다른 체액이며, 전자는 운동을 관장하는 동물적인 혈액이고, 후자는 영양이나 성장에 관련하는 식물적인 혈액이다. 그리고 이 두 혈액은 각기 체내를 흐르고 있는데, 선홍색 피가 심장의 좌심실에 드나들고, 암적색의 피는 심장의 우심실에 드나든다. 그러나 심장의 좌심실과 우심실 사이에 틈이 있기 때문에 두 혈액은 심장을 통해서 약간의 교류를 한다고 갈레노스는 주장했다. 그런데 베살리우스의 해부도에서는 심장의 우심실과 좌심실은 두꺼운 벽(살)으로 뚜렷이 갈라져 있으므로 갈레노스의 가설이 무너지게 되었다.

그림 22 | 베살리우스

베살리우스의 해부도는 획기적인 것이지만 위에서 말한 발견을 모두 베살리우스에게 돌리는 것에는 약간의 의문이 있다. 의

94

학사의 전문가인 미야시다(宮下三郎) 씨는 『송, 원의 의료』에서 이렇게 말하고 있다.

「1115년에 양개에 의해서 편집된 인체해부도의 실증적인 정신은 중세를 통해서 서방에서 지지를 받은 갈레노스 방식의 해부학을 깨뜨렸다. 파도바의 의학 교수 베살리우스의 저서 『인체의 구조』(1543)에 미친 영향을 추적하는 일은 앞으로 남겨진 매력적인 과제의 하나다.」

중국의 인체해부

12세기 초에 중국에서 정확한 인체도가 그려진 것은 단순 한 우연이 아니다. 그보다 1000년이나 빠른 1세기 초에 이미 중국의 의사가 인체해부를 했다는 것이 기록되어 있으며, 그 후 1000여 년 남짓한 의학 연구의 축적이 이것을 가능하게 했던 것이다. 「왕망(王莽, 기원전 45~기원후 23년)의 해부이래 오랜 인체 모형의 제작 역사에서 송대에는 정확한 해부도가 구해지기에 이르렀다」(미야시다 씨의 논문에서).

여기에 기록된 「인체 모형 제작의 역사」란 무엇일까. 한 가지 예만 들기로 하자.

1027년에 오장육부를 갖추고, 침, 뜸의 경혈(經穴)을 새겨 넣은 동인(銅人)이 두 개 만들어져 하나는 의관원(医官院)에, 다른 하나는 대상국사(大相國寺)의 인제전(仁濟殿)에 비치되었다고 알려져 있다. 이것이 얼마나 훌륭하게 제작되었는가에 대해서는 「역시 기교하게 만들어진 기물이다」(布奇巧之器也)라고 쓰인 것으로도 추측할 수 있다. 사실상 중국에서의 침과 뜸으로 인해 생긴 인체 모형도의 제작 역사는 오래되었던 것이다.

또 양개의 『존진환중도』보다 약 100년 전에 벌써 인체해부에 바탕을 둔 『구희범오장도(故命範五臟固)』가 제작되었다. 이것은 북송(北宋)의 인종(仁宗)시대에 도둑의 무리 구희범 일당이 사형을 당했을 때, 선주 추관(宣州推官)이던 오간(吳簡)이 의사와 화가에게 명해서 그리게 한 것이다.

이와 같은 많은 연구의 성과를 계승해서 1113년에 양개가 『존진환중도』를 제작했는데, 「존진」이란 오장육부를 말하며 「환중」은 12경락(침, 뜸도)을 가리키고 있다. 이것은 인체에 관한 상당히 상세한 것으로 진존도는 다음 10개의 그림으로 되어 있다. (1) 구희범 오장도 (2) 오장정면도 (3) 오장배면도 (4) 폐우측도 (5) 폐좌측도 (6) 심계도(心系固) (7) 기해격막도(氣海隔膜固) (8) 비위포계도(牌胃包系固) (9) 우신명문도(右腎命門固) (10) 난

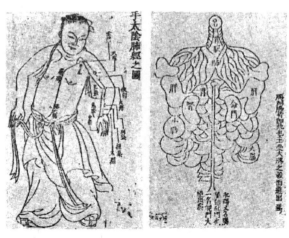

그림 23 | 침 자리와 복부 내장도

문수곡비별도(闌門水穀泌別固)이다. 상당히 상세한 인체도라는 것을 상상할수 있다. 실증적인 연구성과의 누적에 의해서 완성된 것이다.

송 다음 원나라 시대에 왕호고(王好古)라는 의사가 『이윤탕액중경광운대법(伊尹湯液仲景広為大法)』(1294)을 저술했는데, 이것도 양개의 존진도에 의거하고 있다. 이 책을 일부러 들춘 것은 미야시다(宮下三郎) 씨의 다음 문장에서 그 의의를 살펴주었으면 하고 생각하기 때문이다.

「이 책을 계기로 해서 중국의 해부학은 장부(臟腑)의 계통을 추구하는 태도에서, 개개 장부의 형체를 각각 도시라는 방향으로 나아갔다.」

선구적인 업적

과학사에서는 중국이 극대 유럽보다 1000년이나 앞서서 발견, 또는 제작한 것이 상당히 있는데 다음은 그 한 예다.

1932년 무렵 에드거 알렌이 성호르몬의 존재를 지적하고, 이어서 원더아우스가 스테로이드 링 시스템(성호르몬)의 화학구조식을 발견했다. 이것에 관련해서 미야시다 씨는 이렇게 기술하고 있다. 「성호르몬의 생리작용과 화학구조에 대한 지식이 근대과학의 뛰어난 업적의 하나라는 것은 분명하다. 그러나 근대과학과는 다른 관점에 있으면서도, 동일한 효과를 갖는 제제(製済)를 창조하여 사용한 사람들이 있었다는 것을 믿을 수 있을까.」

북송 중기의 고급관료이며, 최근 그 저술과 기술사(技術史)에서의 공헌이 해외에서 주목받게 된 심괄(沈括)이 문인이면서 의사인 소식(蘇軾)과 더불어 저술한 『소심양방』(蘇沈良方) 10권이 있다. 그중에 추석방(秋石方)의 기사가 있다[권6, 신선보익(神仙補益)]. 이 책에는 추석의 제법[양련법(陽煉法)과 음련법의 두 가지]이 설명되어 있다. 전자(양련법)에 대해서 미야시다 씨의 논문을 다시 인용하면 「결국, 흡각[쥐엄나무의 과실]의 사포닌으로 사람의 오줌에서 스테로이드 호르몬을 침전시켰다. 이것은 사포닌이 3β-하이드록시 스테로이드를 침전시키는 현대화학의 지식과 일치하고 있다.」

송대의 성호르몬의 제법은 유감스럽게도 유럽에까지는 전해지지 못했다. 그러나 송대의 많은 중국 의학의 지식이 이슬람으로 전해지고 유럽에 전파되었다. 그중 한 가지인 진맥(診脈)을 들어 보자.

원래 서방에서는 진맥에 대해 그다지 고려하지 않았다. 진단은 오줌검사 등에 중점을 두었기 때문이다. 그러나 중국에서는 고대부터 진맥을 통해 많은 증상을 살펴서 알아냈다. 이 중국의 진맥법이 이슬람 세계에 전해진 것은 11세기 무렵으로 생각되며, 이 무렵에 어떤 이슬람 의학자(이엔 시나)가 기재한 48가지의 맥형은 중국 전래의 것이었다. 이것은 그 후 유럽에 계승되어 근대의학 속에 흡수되었다.

중국 의학이 유럽에 미친 영향은 너무도 컸다. 해부학과 같은 의학의 기본적인 지식부터 진단법과 같은 의학사상과 관계되는 부분에 이르기까지 전파되었다.

송대의 의학서

송대에 많은 의학적 성과가 탄생했는데 이것은 우연한 일이 아니었다. 오카니시 저 『송대교감의서의 종류』(宋代校勘医書의 種類, 1959)에 의하면 「중국 역대 왕 중에서 북송의 여러 왕제만큼 의학에 깊은 관심을 보인 것도 없다.」 이것은 사실상 학계의 정설로 되어 있다. 북송 초기의 국왕 3대에 해당하는 개봉(開封, 太祖), 천성(天聖), 경우(景布) (이상은 仁宗시대), 정화(政和, 微宗) 모두 다섯 번에 걸쳐 고의서(古医書)의 교정이 있었던 것이다.

송대에는 천자에게 직속되는 기술 담당 기관인 한림기술원(翰林技術院)이 설치되었는데, 그중에 천문, 서예, 도서, 의관의 네국(局)이 있었다. 마지막의 의관원(醫官院)은 관료제도 속에서 의료를 행하는 관청으로 의관의 정원은 점차 늘어나서 1110년대 무렵에는 1,000여 명에 달했다. 거기서 무엇을 했느냐 하면, 첫째 본초(本草), 의서, 침, 뜸의 국가 기준의 판정이다. 둘째는 수많은 의서의 교정과 출판이다. 그 밖에 많은 일을 했는데, 예를 들면 인종 때는 침질과 뜸질을 실습하는 데 필요한 인체 모형, 수혈동인(腧穴銅人)이 의관원에서 제작되었다.

송대의 의학서 정비사업의 공적은 극히 크다. 그 한 가지 예지만, 송원시대의 대의학집성인 『보제방』(普済方:168권)이 후에 명(明)대 초기에 발행되었는데, 거기에는 61,739가지의 막대한 처방이 기록되어 있다. 송대에는 의학서뿐 아니라 본초학서의 증보와 개정도 이루어졌다. 그 예로 1061년에 『도경본초(固後本草)』가 완성되었는데, 거기 기재된 약초의 수가 1,084종에 이른다. 또 1110년 무렵의 『정화본초(政和本草)』에서는 1,748종으로 증가했다.

주목할 점은 의서국에서 교정된 의서는 곧바로 인쇄되어 널리 지방 여러 주에 반포된 일이다. 15세기 후반 이후의 유럽 르네상스를 가능하게 한 하나의 요인은 인쇄술의 보급에 있었는데, 송대의 중국에도 유사한 현상을 볼 수 있었다. 송대에는 많은 도시가 발달하고 서민문화가 개화했으며, 지식인은 이와 같은 환경 속에서 많은 독창적인 활동을 했다. 그러나 송대에는 의학만이 아니라 고도의 과학기술사상의 업적이 많이 나타나 있다. 이것은 차츰 도시의 발달이나 서민문화의 진흥에 기인했을 뿐 아니라, 사실은 실증주의적 연구 태도와 진리추구의 고도한 정신과도 관련되어 있다.

송의 시민사회와 수학

르네상스 문화

중국 송대의 도자기라고 하면 「청자」와 「백자」가 대표적인 것이라고 상식화되어 있지만, 그 전 시대(당삼채, 唐三彩)와 후대(명오채, 明五彩)를 비교한다면, 색채미에 대해서 너무도 단순하다. 그러나 이 얼핏 보기에 색채에 무관심한 것 같은 경향은 결코 장식성을 포기했음을 의미하는 것은 아니다. 실은 7색(色)을 속에 간직하면서 드러내 놓지 않은 듯한 간결성을 나타내는 순백은 색채로서의 근원인 동시에 궁극이기도 하다.

즉 송대 문화의 특징은 구상성을 버리고 깊숙한 내면으로 가라앉아 숨은 데 있다. 고귀한 정신이 예술에 반영되어 송대의 독특한 기품이 탄생한 것이다. 잘 알려져 있는 송대 문화의 또 하나의 전형은 「이학(理學)」이다. 송대 학문을 대표하는 이학은 표면적인 것에 눈을 빼앗기지 않고 사물의 내면성을 추구하여 설사 많은 결점을 내포하고 있더라도 근원을 찾아 형성된 높은 지성과 진지한 사색이 송대 지식인의 한 특징이라 하겠다.

이와 같은 고도의 문화를 쌓아 올린 것은

그림 24 | 백자 항아리

시민사회의 번영에 기반을 갖는 소수의 지식인들이다. 그렇지만 다수의 시민도 폭넓은 문화의 창조에 참여했던 것은 물론이다. 이에 대하여 여기서는 송대의 과학 발달의 배경으로서 다음 점을 지적해 두고 싶다.

송대에는 품종개량이나 농구의 개선과 그 보급이 있었고, 경지 면적도 상당히 확대되어 있었다. 당연히 농업생산이 두드러지게 증대했고, 그와 함께 광업과 수공업도 활발하게 발달했다. 이와 같은 생산의 향상을 배경으로 지방에 수많은 도시가 형성되고 발전했으며, 북송시대의 수도 개봉(開封)과 남송시대의 수도 항주(抗州)는 인구 100만을 훨씬 넘는 거대한 도시가 되었다. 예를 들면 항주시의 인구에 대해 『도성기승(都城紀勝)』에서 「100만여 호」로 기록되어 있는데 구와바라(1870~1931) 박사는 이 수지를 타당한 것으로 보고 당시 한 집에 평균 5명으로 계산해서 인구 500만 명 설을 주장했다.

새로이 탄생한 서민문화의 형성에 많은 시민이 참가하고 있는데, 특히 주목하고 싶은 것은 인쇄술의 성행, 국어 문학의 번성, 과학과 예술의 발달이다. 이런 점은 송대 르네상스와 15세기 이탈리아 르네상스가 아주 유사했음을 나타낸다.

북송의 과학의 융성

약 300년의 송대의 개조인 태조(太祖)는 문치(文治)정책을 채용했는데, 이 방침은 송대를 통해 계승되었다. 특히 북송시대의 국왕은 학문을 장려했다. 북송 초기에 중앙에는 국자감(國子監)을 두고, 부주(府州)에는 학교가 설립되었는데, 인종(仁宗) 때 학문을 장려하라는 조척(詔勅)이 내려진 뒤 전국의 학교제도가 정비되고 각 현에 현학(懸學)이 설치되었다. 이와 같은 교육의 진보는 지식 수준의 향상을 가져와서 과학기술의 발달에도 큰 영향을 미쳤다.

또 상공업의 발전과 더불어 실학(實學)이 존중되었으며, 중국사회의 지배층인 사대부가 되기 위한 과거에서는 경의(經義)와 시무(時務)가 존중되었다. 한편 주학(州學)에는 경의제(經義濟)와 치사제(治事濟)의 두 과가 있었다. 치사제에서는 달용의학(達用之學), 자세히 말하면 치병(治兵), 치민(治民), 수리, 산수 등 실용적인 학문을 강의했다.

수리학(水利學)은 북송 학문의 한 특색이며, 많은 과학기술 문제와 관련해서 그 필요에서 수학을 배우고, 나아가 역학(曆學)에 달통한 학자가 나타났다. 송대의 독서인은 수리(水利)만이 아니라 산수, 병법, 나아가서 의학에까지 관심을 가진 나머지 폭넓은 층이 형성되어 이 시대는 수학과 의학의 진보가 특히 두드러졌다.

송대 과학의 방법론적인 특색의 일례로서, 야부우치 씨는 유명한 심괄의 『몽계필담(夢溪筆談)』을 해설한 다음, 이렇게 말하고 있다. 「그의 자연관찰의 태도는 비판적이고, 경험주의적이다. 비판이란 고전의 기재에 맹종하지 않는 일이며, 경험주의적이란 견문의 확실성을 중시하는 태도다.」

앞의 송대 의학의 설명으로도 곧 이해하겠지만, 중국 역사에 있어서 오랫동안의 경험 존중과 송대의 실용주의가 혼합되어서 당시 단순한 경험에서 실험으로까지 나아가고, 자연관찰도 날카로웠다고 할 수 있다. 또 앞에서 말한 송대의 지도계급인 사대부의 비실용적인 진리의 추구, 내부 세계로의 육박도 이 시대의 학예의 특징이며, 당시의 자연과학에 대해서도 같은 말을 할 수 있다. 이 절에서는 특히 송대의 숫자에 대해 설명하기로 한다.

금, 원시대의 과학

약 150년 동안 계속된 북송시대는 시민사회의 발흥기로서 과학기술이 발전했으나, 1127년 북방(金, 만주족의 국가)의 침공으로 수도 개봉이 함락되고, 회수(淮水 양자강 북쪽) 이북이 금나라의 지배 하에 들어가게 되는 「정강(靖康)의 변」이 일어난 뒤, 송의 과학기술은 큰 타격을 받았다. 역사는 북송시대에서 남송시대로 접어들었다. 남송에서는 아카데믹한 학문의 전통이 중단되었다. 시세의 긴박성 때문에 그 회복이 쉽지 않았던 일면도 있지만, 대중성을 띤 서민적인 과학, 말하자면 실용수학, 주판 등이 번성했다.

또 이 시대에 과학의 역사상 주목할 만한 일이 있었다. 그것은 금나라에 정복당한 화북에서 과학이 발전한 일로 그 원인은 두 가지가 있다. 하나는 북송의 많은 도서와 기구가 금나라에 점유되고, 그의 정권이 한문화를 소중히 한 데에 있다. 또 하나는 금나라 정권을 섬기는 일을 깨끗하지 못한 일이라고 생각했던 문인(중국에서는 관료가 문인이었다)들이 재야에서 과학을 발전시킨 일이다.

특히 후자는 중시할 만한 흥미 깊은 문제다. 금나라 정권 아래서는 고관이 되더라도 제약이 많았고, 따라서 긍지가 높은 문인은 감히 사관(仕官)하지 않았는데, 금시대의 과학을 발전시킨 것은 이런 종류의 사람들이었다. 그리고 이것은 당시의 도교(道敎)의 혁신과 관련이 있다는 것에 주목하고 싶다. 이민족에게 정복을 당한다는 이상하고 불안한 환경 속에서 많은 사람들이 도교에 접근했다. 중국에서는 엄격하기만 한 유교가 상층계급을 중심으로 뿌리를 내리고 있었는데, 한편에서는 일반 민중을 중심으로 한, 도교가 다수의 지식인을 끌어들이면서 민간종교로서 오랫동안 다대한 영향을 미치고 있었다―어느 나라에서도 사람들은 종교와 밀접하게 관련해서 살아왔다. 때마침 북송 말기에 도교가 부패했는데, 그 반동으로서 금대에 도교의 혁신이 있었다. 그중에서 특히 주목되는 것은 왕중양(王重陽)이 창시한 전진교(全眞敎)로서, 이 가르침은 지배층의 지지를 얻어 화북에서 급속하게 발전해갔다.

전진교는 각지에 도관(道觀, 도교의 사원)을 세웠는데, 그곳은 전쟁으로 집을 잃은 사람들의 피난처가 되었다. 또 학자들도 도시에서 떨어진 은자(隱者)적 생활을 하면서 종교의 신비성에 잠기어 순수과학에 전념하고 과학, 특히 수학과 의학을 발전시켜 나갔다. 수학에서는 실용에서 먼 연구가 진행되어 「천원술(天元術)」이라고 불리는 대수학 등이 탄생했다. 1200년 전후의 수십 년 동안에 화북 땅에서 수학과 의학에서 혁신적인 업적이 나타났는데, 아마 이것은 전진교의 번성과 관련 없이는 생각할 수 없을 일이라고 과학사에서는 보고 있다.

이 점에 대해서 야부우치 씨가 지은 『송, 원시대에 있어서의 과학기술의 전개』에서 인용하면 「이민족의 지배라는 우울한 환경 속에서 생긴 정신적인 긴장은 흡사 16세기 북부 유럽에서처럼 종교개혁을 낳고, 또 뛰어난 과학을 낳기에 이르렀던 것이다. 프로테스탄트가 가톨릭에 활을 겨누었을 때, 프로테스탄트가 에스파냐 및 프랑스에서는 탄압되고 말았지만, 그 탄압된 우수분자에 위그노라는 것이 있다. 이는 대부분이 네덜란드, 도이칠란트(현 독일), 영국 등으로 망명하고, 또 국내에서 은둔하기도 했다. 그 사람들이 실은 주로 근대과학을 만들어냈다.」

다음은 송, 원시대의 수학에 대해 말하겠다.

대수학에의 길

123…이라는 숫자는 처음부터 있었고, 99셈도 처음부터 존재하고 있던 것으로, 과학사는 서술되기 일쑤였다. 삼각함수도, 오늘날의 중고등학교의 대수학도 그 오랫동안의 고난에 찬 형성과정에 대해서는 거의 언급되지 않았다. 그런 초보적인 것은 말할 필요가 없다고 과학사 연구자는 생각한 것일까. 수학 이외의 분야에 대해서도 같은 말을 할 수 있다. 모든 기초가 완성된 데에서 근대과학사가 설명되는 경향이 강하다. 물론 보통 그 이전에 그리스 과학과 중세 유럽의 과학이 설명되었지만, 위에든 공헌은 유럽 사람의 창조가 아니기 때문에 종래의 고대, 중세과학과 근대과학 사이에 단절이 있다. 그 단절을 감지하지 못할 만큼 과학사 연구자는 둔감했던 것일까. 아니라면 과학사라는 학문이 아직도 아주 젊기 때문일 것이다.

천원술에 의한 대수식 표시

$25x2+28x-6905$을 표시하는데,

(a)	(b)
25	25
280元	28
-6905	-6905太

의 두 가지 표시방법이 있다(『측원해경』에서)

    실은 초보적인 한 걸음이 얼마나 고난에 찬 것이었으며, 얼마나 중요한가? 그것을 서술하는 것이 과학사의 중요한 한 부분이 아닐까. 다음에 말하는 방정식의 취급도 오늘날에 보면 당연한 것으로 보이지만, 그 첫걸음은 실로 중요한 일이었다.

    오늘날 1원방정식의 미지수는 x로 표시하고 있는데 12세기 이전은 그렇지 않았다. 2장의 『구장산술』에서 2차방정식의 예를 보았지만, 거기에 나오는 여러 문제는 군데군데에 숫자가 들어간 평범한 문장으로 적혀 있다. 그것이 방정식 형태로 쓰이게 되었다. 즉 방정식으로의 한 걸음 내디딘 것은 13세기의 금시대에서(남송시대) 비롯된다. 1248년에 『측원해경(測円海鏡)』을 저술한 이치(李治, 1178~1265)는 그의 저술 속에서 처음으로 단순한 문장 대신 방정식을 명시하기 시작했던 것이다.

    2차방정식의 예를 하나 들겠다. 그는 2차의 항, 1차의 항, 상수항을 분명하게 분리해서 위의 표와 같이 기록했다. 미지수를 분리해서 명시함으로써 다루는 문제는 갑자기 확장되고, 계산 기술에 대해서는 여러 가지 조작이 가능하게 된 것이다. 「천원술」이라고 불리는 것은 「천원(天元)의 하나를 세움」으로써 한 개의 미지수를 포함하는 대수식을 나타낸 것에서 유래한 것이다.

그는 13세기 전반에 금나라 정권 하의 화북(華北)에 있었는데, 그의 저서 『측원해경』(12권, 170문제) 중 문제는 모두 직각삼각형과 원의 관계로부터 유도되는 것으로 종래의 중국의 산술서가 실용적인 예를 모은 것과는 달리 실용에서 벗어난 고답적인 문제를 다루고 있는 것이 주목된다.

이치에 이어서, 천원술을 채용한 원(元)의 주세걸(朱世傑)은 『사원옥감(四元玉鑑)』(1302)을 저술했는데, 이 책에서는 사원술(四元術)이 주목된다. 천원술이 「천원의 하나를 세움」(미지수를 x로 둔다)에 반해서 사원술에서는 천원(天元, x), 지원(地元, y), 인원(人元, z), 물원(物元, w)으로 미지수를 넷까지 포함하는 대수식을 다루고 있다(중국에서는 천, 지, 인이라는 셋의 대칭을 흔히 사용한다). 2개 이상의 미지수를 포함할 경우, 적당히 미지수를 소거해서 한 개의 미지수만을 포함하는 대수식으로 환원한다(단, 하나의 미지수로 환원할 수 있는 것은 한정된 문제뿐이다).

고차방정식

영국의 수학자 호너는 1819년의 논문 가운데서 규칙적인 방법을 사용하여 임의 차수의 수학방정식을 푸는 것을 보였는데, 이보다 6~7세기나 일찍 중국에서도 그와 똑같은 방법이 완성되어 있었다.

오랫동안의 중국 역사에서 다루어진 방정식은 수학방정식이며, 그 해법은 양근(陽根)을 구하는 것이었다. 한대에 완성된 『구장산술』에서는 2차 방정식의 양근을 다루고, 당대 초에 왕효도(王孝道)가 편집한 『즙방산경 (楫方算經)』에는 3차방정식의 정수해(正敎解)가 구해져 있었다. 그러나 송대가 되자 고차방정식의 해법이 여러 가지로 연구되어 결국 호너의 방법에 도달하고 있었다.

송대의 방정식 해법 연구는 처음 유익(劉益)의 『의방근원(議方根源)』에서 비롯하여 이것을 이어받은 가헌(賈憲)의 『황제구장세장(黃帝乂章細章)』에서 호너의 방법과 상당히 유사한 해법을 소개했다. 다음으로 진구소(秦 九韶)의 『수서구장(수數書九章)』(1247)에 이르러 극히 고차적인 방정식에 적용되게 되었다.

『수서구장』이라고 이름을 붙인 것은 유명한 한시대의 『구장산술』에 바탕을 두고, 18권 81문을 9종으로 분류했기 때문이다. 그리고 그중 제3종 이하의 여러 문제는 고차적인 수학방정식의 해법이 중심과제로 되어 있으며, 그중에서도 가장 고차적인 것은 실로 10제곱의 방정식이 나타나 있다. 이를테면 8권 「요도원성(遙度圓城)」에 $x10+15x8+72x6-864x4-11664x2-34992=0$ 을 풀고 있다. 왜 이와 같은 고차방정식을 연구했는지 이해하기 어렵지만, 그러나 호너의 방법과 거의 흡사한 방법에 의해서 임의의 차수의 방정식을 푸는 데 성공한 것은 주목할 만한 일이다.

마지막으로 송대에는 급수(級數)의 연구와 기하학과 삼각법이 발전했던 일과 민간수학으로 주판이 등장했다는 것을 덧붙여 두고 싶다(여기서는 주로 야부우치 씨의 『송, 원시대의 과학기술』을 참고했다).

4장

·
·
·
·
·

아시아 과학 문명의 유산

이슬람 과학의 섭취

비합리에서 합리로

13세기에 나온 『식물도감』 속의 한 그림을 보자. 식물 밑에 인간이나 동물이 그려져 있어 도깨비 그림으로밖에 생각되지 않는다. 그러나 『식물도감』 속에 수록되어 있는 것으로, 그 밑에는 정성 들여 산지, 채집 시기, 효능 따위가 기록되어 있다.

어째서 이런 것이 도감에 수록되었을까. 동물의 사체를 비료로 하면 그 동물이 뿌리가 되는 것이라고 생각했을까. 사실 이 『식물도감』에 실려 있

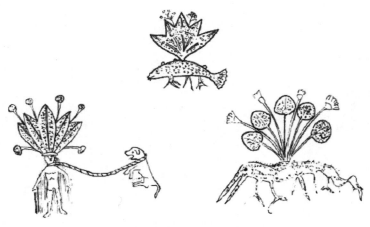

그림 25 | 13세기 무렵의 「식물도감」의 일부

는 대부분의 풀과 나무는 모두 이처럼 기괴한 것뿐이다. 아마 사람들이 이 세계에는 괴물이 근저에 존재한다고 생각하고 있었던 것이다.

　다음에 14세기의 프랑스에서 출판된 『약초도감』의 그림을 보기로 한다. 이것은 사실과 접근해 있다. 13~14세기의 유럽 사람들의 사물에 대한 사고방법에 큰 변화가 있었던 것이 틀림없다고 많은 사람들은 곧 깨달을 것이다[아이다(會田雄次) 저 『르네상스』에서]. 일반인의 수준에서는 13~14세기에, 첨단을 걷는 지식인 세계에서는 12세기부터 변화가 일어나고 있었다. 마술의 세계에서 과학적인 사고로, 비합리적인 사유(思惟)에서 합리적인 사고로의 전환이 유럽의 중세 후기에 일어났던 것이다—더 정확하게 말한다면 그와 같은 전환이 시작되었던 것이다.

그림 26 | 14세기 무렵의 「약초도감」의 일부

대량의 번역이 시작되다

이베리아반도 한가운데에 톨레도라는 도시가 있다. 이 도시 주변에서 11세기 후반에 농업생산의 발전으로 외부세계로 팽창을 시작한 게르만 민족과 이슬람 세력과의 세력 다툼이 시작되었다. 그리하여 1085년에 톨레도가 게르만에게 점령된 일이 있는데 이는 역사상 대단히 중요한 의의를 가지고 있다. 톨레도에는 이슬람의 대도서관이 있는 데다가 점령된 톨레도의 사교(司教)인 라이문두스라는 사람이 그곳에서 이슬람의 학문을 연구하면서 아랍어 문헌을 라틴어로 번역하기 위한 학교를 만들었기 때문이다.

이 학교에서 아랍어의 학술문헌의 연구와 번역의 저도 및 관리를 한 사람은 세고비아의 부교사였던 도밍고 군디살포이며, 그는 다른 연구자와 협력해서 우선 10세기의 유명한 철학자 알 파라비의 『학문론』을 번역했다. 알 파라비(870~950년)는 이슬람 세계에서 「아리스토텔레스 다음가는 제2의 스승」으로 존경받고 있었다.

철학서와 병행해서 점차 대량의 자연과학서적이 아랍어에서 라틴어로 번역되었다. 많은 호학심에 불타는 사람들이 유럽 각지에서 피레네산맥을 넘어 톨레도에 모였다. 그중에서도 가장 열정적으로 활약했던 사람은 북부 이탈리아의 크레모나에서 온 제라드였다. 그는 당초 프톨레마이오스의 천문학대계인 『알게마스트』를 읽기 위해서 아랍어를 공부한 다음 그것을 아랍어에서 라틴어로 번역하기 위해 톨레도로 갔다. 그러나 자연과학의 여러 분야에 매혹되어 이곳에서 73세로 죽을 때까지 수많은 책을 번역했다. 그가 번역한 책을 들면 프톨레마이오스 외에 아리스토텔레스, 아르키메데스, 아폴로니우스, 유클리드 등의 그리스계의 학자 및 알 킨디, 아비케나, 알하젠 등 이슬람의 학자가 포함되어 있으며 기종의 중요한 책을 아랍어에서 라틴어로 번역했다.

서구 세계는 이 제라드의 왕성한 번역 활동으로 그리스와 이슬람의 수많은 제1급 학술문헌을 얻을 수 있게 되었다. 그 번역은 정확했으며 문장도 뛰어났는데, 아마 다른 협력자도 참여한 것으로 추측된다.

12세기는 톨레도에서 수많은 아랍어 책이 라틴어로 번역되어 서구 세계로 들어와 두드러지게 문화 향상을 촉진한 세기로 주목된다. 덧붙여 언급하지만 『코란』도 1143년에 번역이 완성되었다.

시칠리아에서

이탈리아반도의 남쪽에 시칠리아섬이 있다. 지도를 보면 알 수 있듯이 지중해 교통의 중심부에 위치한다. 아득한 고대로부터 이 섬은 교통의 요지였다. 그 때문에 많은 정복자가 잇따라 이 섬을 점령했다.

로마와 카르타고의 오랜 기간의 전쟁 역사에서도 시칠리아반도를 에워싼 싸움이 결정적이었다. 서로마제국이 망한 후, 한때 동로마제국이 시칠리아를 점령했는데, 얼마 후 이슬람 세력이 침투해왔다. 그러나 계속해서 북에서 온 바이킹이 내습하면서 드디어 노르만왕조가 이 섬을 통치하게 되었다.

이와 같은 역사 과정으로 인해 시칠리아에서는 그리스어, 라틴어, 아랍어가 함께 쓰이고 있었는데, 노르만왕조의 관대한 정책으로 이 세 종류

의 말을 쓰는 사람들이 평화롭게
생활할 수 있었다. 그 때문에 세
문화의 교류, 전달에 편리한 조건
이 갖춰졌는데, 역대 군주의 문화
애호정책 덕분에 비교적 일찍부
터 이 땅에서 그리스어와 아랍어
의 문헌이 라틴어로 번역되었다.

아랍 과학을 최초로 라틴어로
옮긴 사람은 콘스탄티누스 아프
리카누스(1020~1087년)이며, 그

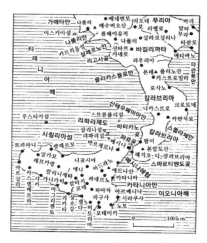

그림 27 | 이탈리아 시칠리아섬의 지도

는 카르타고 태생의 상인이다. 그러나 1056년부터 몬테카시노라는 수도
원에 들어앉아 번역에 종사하다가 1087년에 그곳에서 생을 마감했다. 그
는 의학에 관심을 가지고, 그리스의 히포크라테스의 의학서와 가짜 갈레
노스의 저서를 번역했다. 「가짜」라고 말하는 이유는 갈레노스의 저작을 정
확하게 번역한 것이 아니라 제멋대로 편술함으로써 오류가 많기 때문이다.
그러나 최초에 그리스어, 아랍어의 학술서를 번역한 의의는 큰 것으로, 그
때문에 후에 이 땅이 근대 서양 의학의 선구적인 역할을 했다.

톨레도에서는 아랍어로 쓰인 그리스계 및 이슬람의 저서, 특히 이슬람
학자의 저서가 번역된 것에 반해서 시칠리아에서는 그리스어와 아랍어 양
쪽에서, 특히 그리스계 서적이 많이 라틴어로 번역되었다. 번역된 분야는
주로 수학, 천문학, 광학, 역학(力學), 의학이었다.

이와 같이 톨레도와 시칠리아를 통해서 그리스, 이슬람의 학문이 유럽 세계로 도입되었는데, 그 자극을 받아서 이윽고 북부 이탈리아의 여러 도시에서 그리스의 학술서를 직접 그리스어에서 라틴어로 옮기는 열렬한 운동이 일어났다. 베네치아와 피사를 중심으로 하는 북부 이탈리아 도시의 상인이 자주 콘스탄티노플에 드나들면서 그들은 비잔틴의 궁정 등에서 그리스의 학술서(사본)를 북부 이탈리아로 가져 왔다. 특히 주목할 만한 것은 이 경로를 통해서 톨레도에서는 일부분밖에 입수할 수 없었던 아리스토텔레스의 자연학(자연과학), 논리학, 형이상학 등을 거의 입수할 수 있었으므로 거의 대부분 라틴어로 번역된 일이다. 아리스토텔레스의 저작은 5장에서 말하겠지만 12세기 이후의 유럽의 지적 세계에 크게 충격을 주었다.

근대정신의 기원

근대과학과 수도사

「첫 번째로 이베리아반도(에스파냐)에서 두 번째로 시칠리아에서 대량의 이슬람 과학문화를 섭취했기 때문에, 근대 서양 과학이 성립될 수 있었다」라는 논리는 옳지만 완전하지는 않다. 그것만으로는 완전한 설명이 되지 못할 것이다. 왜냐하면, 그렇다면 어째서 게르만 이외의 다른 민족이 이슬람문화를 흡수해서 근대과학이나 근대문화를 수립하지 못했느냐는 의문에 대답할 수가 없다(근대과학과 근대문화가 얼마나 좋은지 나쁜지는 별도로 하고).

왜 많은 학자들이 일부러 피레네산맥을 넘어 멀리 톨레도로 달려와서 열심히 대량의 아랍어 서적을 라틴어로 번역했을까. 왜 시칠리아섬에서 그리스와 이슬람의 학술을 흡수한 것만으로는 만족하지 못하고, 이탈리아 등에서 열심히 그리스, 로마시대의 문헌을 찾았을까. 고대학술에 대한 정열은 다음 문장으로도 엿볼 수 있다.

「특기할 일은, 미지의 사본 탐색에 나선 휴머니스트들의 그칠 줄 모르는 욕망이다. 바로 사본 붐이라고 해도 좋다. 학자들이 주저할 것 없이 먼 곳으로 가서, 거기서 수도원이라는 사본의 광맥을 답사하고, 오래된 텍스트라면 무엇이든지 열광했다.」(S. 도레스텐, 『르네상스 정신사』에서)

물론, 근원적인 것으로는 11세기에 유럽에서 농업혁명이 일어났다는 것(1장 및 4장의 '동방의 유산–농업혁명의 기원' 참조), 생산의 비약적인 발전에 이어 12세기 무렵 유럽에 도시가 탄생하고, 12세기 무렵부터 유럽 사람이 해외로 진출하기 시작한 일들이다. 이런 것이 그 후 유럽의 기운을 북돋아 준 근원이 되기는 하지만, 경제적 요인만으로 모두 설명할 수는 없을 것이다.

경제는 중요한 기초가 되기는 하지만 그 밖의 참된 요인은 무엇일까. 먼저 중세 전기의 유럽 학문이 수도원에서만은 가냘프게 연구되었고, 유럽의 전환기인 11~12세기에 학문 연구에 나선 사람들 모두가 수도사였던 것에 주목해보자.

수도사의 정신변혁

호리고메 씨의 저서 『서구정신의 탐구』의 「그레고리우스 개혁」 속에 다음과 같은 글귀가 있다. 「아랍을 통한 그리스 학예의 도입(11세기)이 그레고리우스 개혁 종료 후 둑이 터진 듯이 일어나게 된다.」 이 단순한 말은 학술의 번성 특히 과학의 발전이 그레고리우스 개혁과 밀접하게 관련된 것을 뜻하고 있다. 또 이 책에서 「서구의 수도 정신」 가운데 「이 개혁(그레고리우스 개혁)에서 중심적인 역할을 한 사람들은 수도원의 관계자 또는 수도사 출신의 사람들이 매우 많다」라고 지적하고 있다. 따라서 결론부터 우선 맺어보면 이 문제는 바로 일종의 종교개혁과 밀접하게 관련된 것이다.

그리스도교의 역사를 더듬어 가면, 6세기에 이탈리아 중부에 있는 몬

그림 28 | 지금도 남아 있는 중세 유럽의 수도원

테카시노의 수도원장이었던 베네딕투스(480~543년)가 만든 「성 베네딕투스 회칙」이 이후의 서구 수도원에 큰 영향을 미쳐, 이것이 하나의 전환점이 되지 않았을까. 이 회칙에 관해서 언급하는 것은 이 책이 목적하는 바가 아니므로 그 의의에 대해서만 약간 언급해둔다. 그것은 노동을 존중하고, 온건하며 견인불발(堅忍不拔)의 정신을 배양하고, 개인적인 공적보다 공동생활의 조화를 요청하는 것이었다.

물론 수도원은 그리스도교계를 지탱해 온 큰 기둥이며, 신앙의 보루인 동시에 학문이나 교육의 도장이기도 하고 또 한 문화의 보존과 전승의 장소이기도 했다. 그리고 수도사의 청빈, 정결을 지향한 금욕적인 정신이나 도덕주의가 후에 그레고리우스 개혁을 추진해 갔던 것이다.

그레고리우스 개혁의 선두에 선 로마 교황 레오 9세도 그레고리우스 개혁의 명칭의 기원이었던 교황 그레고리우스 7세(1073~1085 재위)도,

또 개혁에 관련한 교황 우르바누스 2세도 모두 수도 정신이 탁월한 수도원의 출신자였다.

그레고리우스 개혁

위에서 소개한 호리고메 씨의 글에서 좀 더 인용하기로 하자. 「12세기가 혁신의 시대가 되었던 참된 이유는 그레고리우스 개혁 외에 달리 없었다. 온갖 영향이 이 개혁에서 출발한다.」

이와 같이 중요시되고 있는 그레고리우스 개혁이란 무엇일까.

우선 그레고리우스 개혁은 로마교회의 개혁이 시작된 1049년에서 1122년에 걸친 약 70년간 있었던 개혁이다. 그레고리우스주의자는 이렇게 생각했다. 「교회에 만연하고 있는 악의 근원은 세속권력에 의한 교회지배에 있다.」 따라서 개혁을 위한 구체적인 방법은 우선 첫째로 세속권력에 의한 성직자 임명권의 제거였다.

그레고리우스 개혁은 일단 성공했는데 그 본거지는 이탈리아가 아니라 도이칠란트(현 독일)와 프랑스의 수도원, 특히 두 나라의 국경 가까이 있는 수도원에서 비롯되었다. 그레고리우스 개혁의 대표자는 대부분 이들 수도원에서 나왔다.

교회사, 정치사에 얽힌 일들은 여기서는 모두 생략하고, 그레고리우스 개혁의 영향으로서 현실적인 면과 정신적인 면을 기술해 보자.

현실적인 면에서 그레고리우스 개혁은 개혁을 권장하는 교황과 이에 대항하는 황제의 두 진영에 그 이론적 무장을 필요로 해서, 이것이 여러 학문의 번영을 가져오는 계기를 만들었다. 둘째로 비판적인 정신이 발흥했다. 이와 같은 학문의 발전이 결국 유럽의 여러 대학의 대두를 불러일으키게 되었다.

다음에 정신적인 면은 더욱 중요했다. 그레고리우스 개혁과 밀접하게 결부되는 「수도사의 노동윤리는 근대 초기의 중산적 농민과 산업가에게 모습을 바꿔 계승되어 자본주의 발전기의 노동윤리의 중핵이 되었으므로, 수도사나 수도원은 12세기 서구의 혁신에 있어서 뿐만이 아니라 근대 유럽의 정신 형성에 서도 무시할 수 없는 역할을 한 것이 아닐까 생각한다.」(전저 122p에서)

그렇다고 한다면, 막스 웨버(1864~1920)가 말하는 프로테스탄티즘의 윤리와 자본주의의 정신도 거슬러 올라가면 이런 데서 온 것이 아닐까.

진리를 찾는 대학

12~13세기에 유럽에서 많은 대학이 창립되었는데, 지금까지 말해 온 배경 속에 출현한 대학, 즉 개혁 정신이 풍부한 수도사의 노력에서 출현한 대학은 첫째로 진리를 탐구하는 것을 지향했다. 진리에 대한 정열이야말로 근대학술 및 근대과학의 근원이었다.

오늘날 「대학(University)」의 어원인 「베리타스(Veritas)」는 「진실로 존재하는 것」 또는 「진리」를 뜻한다. 대학의 학문 연구는 진리를 위해서라는 셈이다. 또 대학 교육에 관련해서 유럽에서 온 단어 「휴머니즘」이 흔히 사용되는데, 휴머니즘이란 인간적인 것을 강조하는 교육이념과 그것에 따른 교육체계다.

  이렇게도 말할 수 있지 않을까. 그레고리우스 종교개혁 등에 나타난 진리에 대한 정열이 유럽 대학의 하나의 추진력이며, 이와 같은 대학 등에서 근대과학을 포함하는 근대학문이 태어나게 된 것이다. 또는 이와 같은 대학이 근대과학을 낳게 하는 한 요인이 되었다.

동방의 유산

농업혁명의 기원

98년 무렵(로마시대)의 타키투스의 저작 『게르마니아』에 의하면 그 무렵 게르만의 식량은 「야생의 과실, 짐승 고기, 또는 응유(凝乳)」가 주된 것이고 곡물은 보조적인 것에 지나지 않았다. 그리고 그 보조적인 농업은 해마다 토박한 경작지를 버리고 새 곳으로 옮겨가는 거친 이동농업이었다. 따라서 농업생산성은 지극히 낮았다. 그리고 이와 같은 상태가 10세기까지 계속되고 있었다는 것은 많은 사료에서 볼 수 있다.

위와 같은 비참한 게르만에 발전의 계기를 준 것은, 뭐니 뭐니 해도 11세기의 농업혁명이었다. 이 혁명의 포인트는 말을 효율적으로 부려서 무거운 쟁기를 끌고 토양을 깊이 간 것과 수차를 사용해서 가루 빻기 등의 작

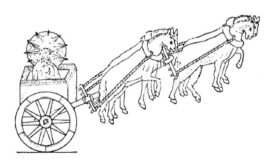

그림 29 | 유럽에서의 말 사용법 개량

업을 능률적으로 한 데 있다.

이 11세기의 농업혁명의 의의에 대해서 기무라 씨는 『역사의 발견』에서 다음과 같이 말하고 있다.

「11세기에서 13세기에 걸쳐 삼포농법(三圃農法, 농업혁명과 밀접하게 관련)이 보급 발전했다는 것은 단순히 곡물 수확량의 두드러진 증대를 가져왔을 뿐이 아니었다. 보다 중요한 것은 그것이 경제, 생활, 농업생산상의, 그리고 사회구조상의 근본적인 전환과 밀접하게 관련을 가졌었다는 것이다.」

그러면 11세기 유럽 농업혁명의 기술적인 근원은 어디에 있었을까. 먼저 무거운 쟁기는 오리엔트에서 온 것이었다. 다음으로 말의 능률적인 이용법은 중국에서 전해진 것이다.

마지막으로 농업혁명의 삼대 기술 중의 하나인 수차는 기원전 1세기에 페르시아에서 유럽으로 전해진 것이다(로마시대에 소수지만 수차가 사용되고 있었다).

농업혁명 직후로부터 유럽은 해외로 팽창하기 시작하여 유럽 내부에서도 다양한 발전을 볼 수 있게 되었다. 제1회 십자군이 1096년에 파견된 일, 다수의 도시가 12세기에 생겨난 일과 유럽의 유명한 대학, 수도원, 성이 거의 모두 12~13세기에 건립되었다는 것이 그 사정을 말해 준다.

중국의 기술

이와 같이 발전기에 접어든 유럽에 한층 발전을 촉진한 것이 중국 기술의 도입이었다.

첫째는 종이의 전파다. 751년 유라시아 중앙에 있는 사마르칸드에서 당(唐)과 이슬람(아바스왕조)이 천하를 결판 짓는 전투를 하여 이 전투에서 이긴 이슬람군은 수많은 중국인 포로를 연행했는데, 그 속에 제지공도 있어서 그로 인해 종이가 이슬람권으로 전해졌다. 그리고 12~13세기에 겨우 종이가 이슬람권에서 유럽으로 전해졌다.

둘째는 인쇄술이다. 중국에서는 7세기 말에 이미 민간용 달력의 목판 인쇄가 행해지고 있었다. 몇만이나 되는 한자 자수를 가진 나라에서 목판 인쇄가 오랫동안 유행한 것은 오히려 당연한 일이지만, 중국에서는 11세기 말에 활자 인쇄가 시작되었다. 이 활자는 진흙을 굳혀서 만든 것이다(11

그림 30 | 종이의 전파 경로

세기 말의 『몽계필담』 속에 기술되어 있다).

다음 13세기에 한국에서 세계 최초의 활자 인쇄가 시작되었다. 고려왕조의 국가 제도에 대해 기록한 『고금상정예문(古今詳定禮文)』 28권의 서문에 이 책은 금속활자로 인쇄된(1241) 것이라고 적혀 있다. 그로부터 1세기 반 남짓한 후인 1403년에는 왕실주조소가 설치되어 「동활자」에 의한 인쇄가 활발하게 행해졌다. 또 1436년에는 오늘날과 같은 납활자가 사용되었다.

한편 유럽에서는 목판인쇄가 시작된 것이 14세기 말기이며 「14세기 말에서 시작된 목판인쇄가 중국의 영향에 의한다는 것은 연구자들의 거의 일치된 견해다」(야부우치 『중국 고대의 과학』, P.162). 또 동부 아시아에서 시작된 활자 인쇄가 유럽에 준 영향에 대해서는 스즈키 저 『프레 구텐베르크시대』에 설명되어 있다.

이어서 동부 아시아가 유럽에 준 기술상의 또 하나의 획기적인 공헌인 자침(磁針)에 대해 약간 언급해두자. 자침이 항해용으로 처음으로 중국의 선박에 사용된 것이 1100년 무렵이었다. 다만 이것은 자침을 물에 띄운 것으로 수침반(水鍼盤)이라 불렸다. 「송대에는 아랍 배가 끊임없이 광둥(廣東)에 입항했고, 아랍 배를 통해서 자침의 지식이 유럽에 전해진 것이 거의 틀림없다」(『중국 고대의 과학』, P.172).

또 하나 중국이 준 기술로는 화기(火器)가 있다. 화기는 유럽에 전해지고 나서 훨씬 개량되었는데 이에 대해서는 생략하겠다.

절대적인 이슬람의 영향

15세기 말에 이탈리아 르네상스가 최고조에 이르렀을 때 이탈리아 사상계의 중심인물인 피코 델라 미란돌라(1463~1494)는 『인간의 존엄에 대한 담화』 가운데서 다음과 같이 기록하고 있다. 「내가 아랍 책으로 읽은 바에 의하면, 인간만큼 훌륭한 것은 이 세상에 없다.」

즉, 이른바 인간 중심의 르네상스 정신은 이슬람에서 심대한 영향을 받았다는 것을 보여준다. 물론 르네상스 정신은 당시의 유럽 사회의 변동과 밀접하게 관련되겠지만, 이슬람으로부터의 영향도 무시할 수 없는 것이다.

다시 자연과학의 이야기로 되돌아가기로 하자. 근대과학을 성립시키기 위한 대량의 기초지식이 이슬람에서 나왔다는 것은 3장에서 이미 자세히 언급했다. 계속해서 이 장에서 말했듯이 합리적 정신도 이슬람에서 들어온 것이며, 또 근대의 과학 방법론도 알하젠(11세기)에서 그 출발을 볼 수 있다.

5장

·
·
·
·
·

근대과학의 성립과정

근대과학의 연구방법

스콜라학의 성립

13세기 유럽 최대의 학자인 토마스 아퀴나스(1224~1274)는 여러 천체가 지구 주위를 돌고 있는 것은 신의 「기동력(起動力)」이 있기 때문이라고 주장하고, 이것이야말로 신의 존재를 증명하는 것이라 언명했다.

아리스토텔레스의 자연관에 의하면, 운동에는 반드시 「기동력」이 있다. 행성은 왜 움직이는가? 어째서 운동을 계속하는가? 오늘날에는 태양의 인력과 행성의 타원운동에서 생기는 원심력이 평형하고 있기 때문에 행성이 운동을 계속하는 것으로 알고 있지만, 인력이라는 발상이 전혀 없었던 13세기에는 「행성이 왜 움직이는가」라는 것이 큰 의문의 하나로 되어 있었다. 이에 대해 토마스 아퀴나스는 아리스토텔레스 이론과 신의 존재를 결부해서 「신이 행성을 움직이고 있기 때문」이라고 말했다. 그 이후 지구중심설은 신의 존재를 증명하는 학설로서 그리스도교계에 정착하게 되었다.

이 경위는 아리스토텔레스 이론이 당시의 유럽에 큰 영향을 미치고 있었음을 뜻한다. 아리스토텔레스의 사물에 대한 사고방법은 근대 합리주의보다 단계가 낮지만, 미신과 비합리로 굳어진 중세 유럽에 있어서는 논리성에 대한 각성에 큰 자극제가 되었다. 그 때문에 단순한 신앙을 요구하는 교회는 당초 아리스토텔레스의 학문에 반대하고 있었다. 1210년의 파리

공회의에서는 「아리스토텔레스의 자연철학에 관한 저술 및 그 주해를 파리에서 읽는 것」을 금지했다. 그럼에도 불구하고 지적 호기심에 불타고 있던 당시의 유럽 지식인, 특히 수도사는 아리스토텔레스의 여러 학문을 배우고, 어떻게 해서든지 그리스도교와 아리스토텔레스의 이론을 접합하려고 노력을 계속했다. 이와 같은 노력 가운데서 생겨난 것이 스콜라학이다.

따라서 13세기 후반에 앞에서와 같은 형태로 「신이 행성을 움직이게 한다」는 설이 만들어지게 되었던 것이다. 일본에서는 신도(神道)든 불교든 종교는 오로지 인간의 영혼의 문제를 다룰 뿐이며 자연현상과 종교를 억지로 결부시키는 일은 없었다. 그러나 스콜라학에서는 그리스도교가 사회현상, 자연현상을 모두 논리적으로 설명하는 통일적인 체계로서 구심점이 되도록 기획되었던 것이다.

13세기의 그로스테스트

13세기에 아리스토텔레스의 학문이 도입되었는데, 아리스토텔레스의 자연학은 근대과학과는 아직 거리가 먼 것이었다. 「물체에 닿지 않으면 힘이 작용하지 않는다」라는 설, 「물체의 낙하를, 인력이 아니고 목적론으로서 설명하는」 사고방법(아리스토텔레스는 많은 생물현상에도 목적론적 사고를 적용했다), 또는 「10배 무거운 물체는 10배 빠른 속도로 낙하한다」라는 것 등은 전근대적인 사고이며, 이들을 넘어서지 않으면 근대과학은 태어날 수 없었다.

근대과학의 가장 큰 특징은 실험과 수학의 결합이다. 즉 실험, 관측으

그림 31 | 근대과학 발상지라고 일컬어지는 파도바대학

로 측정한 것을 정량적으로 표현하는 일인데, 그것은 종래 말해 온 것처럼 갈릴레오 전후에 나타난 것이 아니라 11세기의 알하젠(이슬람)에서 이미 볼 수 있었다(3장).

이슬람의 과학은 유럽에 계승되었는데, 유럽에서 최초로 수학과 실험을 결합시키려고 시도한 사람은 13세기 영국의 로버트 그로스테스트(1175~1253년)이다. 그는 1214년에 옥스퍼드의 학장이 된 학자로 머리가 커서 「가분수 로버트」라고 불리었다. 알하젠은 광학(光學) 연구에 (준)근대과학적인 방법을 사용했는데, 로버트도 역시 광학 연구에 (준)근대과학적 방법론을 채용하고 있다. 알하젠의 연구를 계승하여 그로스테스트도 거울에 의한 빛의 반사, 여러 종류의 렌즈에 의한 빛의 굴절 문제를 연구하고 또 반사, 굴절에서 무지개의 현상을 설명하려고 노력했다. 그리고 그로스테스트의 과학 연구방법과 광학 연구는 그의 제자 로저 베이컨에게 계승되었다.

이 과학 방법론은 14세기 말에 이탈리아의 파도바대학에 전해졌다. 과학사에 약간의 지식이 있는 사람이라면 알고 있듯이 파도바대학은 근대 과학의 발상지라고 일컬어진다. 파도바대학에서 연구된 가장 뛰어난 성과는 역학(力學)이다. 근대과학의 방법론은 이슬람에서 출발해서 영국으로 서서히 전파되었고 나중에는 이탈리아에 전해져 차츰 완성되었다고 할 수 있다. 또 이와 같은 과정을 거쳐서 과학 방법론이 확산되어 갔다고도 볼 수 있다.

학자와 장인

중세에서 근대로의 과도기(특히 1300~1600년 무렵)에는 새로이 출현한 지적 활동을 하는 대학교수 및 휴머니스트(문학자)와 수공업에 종사하는 장인(匠人) 사이에 단층이 존재하고 있었다. 이 단층은 지적 추리와 실제적인 직업(실험, 해부, 측량, 포술 등)의 분리를 의미하며, 근대학문(근대과학)을 위한 장해가 되었다. 그 사이의 도랑이 메꾸어짐으로써 근대과학에의 길이 트였던 것이다.

휴머니스트들은 세속적 학문의 대표자로서 우선 14세기 무렵 이탈리아의 여러 도시에 나타났다. 그들은 고전에 대한 지식을 가졌고, 좋은 문체를 만들려고 노력하고 있었으나 생활을 위해서는 교황, 왕후, 귀족, 시청의 서기나 공무원이 되었다. 또 대학에서 라틴어나 영어를 가르치는 학자도 나오게 되었다.

다음 학자(대학교수)는 스콜라학적 합리주의자이며 그들의 지적 흥미의 중심은 신학과 스콜라학에 있었다. 그들은 권위와 결부해서 인용을 즐겨 하며 자기 의견은 대개 주석과 편집의 형태로 기술되었다.

르네상스의 휴머니스트와 대학의 학자는 모두 자신을 상층계급이라고 믿고, 신분을 자랑하며 교육이 없는 사람들을 경멸했다. 그들은 라틴어를 쓰며 자국어로 문장을 쓰지 않고, 상류계급에 밀착하여 손으로 일하는 일을 멸시했다.

한편 이와 같은 휴머니스트나 학자의 현실 유리 자세와는 반대로 당시 장인이라고 불리는 여러 고급기술자(측량가, 포술가, 항해자, 외과의 등)는 기구를 사용하고 실험을 하며, 합리적 사고에 바탕을 두고서 자기 일을 추진했다. 그들의 관심은 조작할 때의 합리적인 법칙, 원인의 합리적인 탐구로 사실은 합리적인 물리법칙을 구하고 있었던 것이다. 사실 그들이야말로 시대의 선구자였다. 그들은 현실 속에서 수학을 발전시키고 있었다.

예술가의 역할

레오나르도 다빈치(1452~1519)가 밀라노 후작을 섬기려 할 때 제출한 지원서 속에 「대포를 만들 수 있다」, 「토목사업에 뛰어났다」 … 등 일련의 기술적인 능력을 들었다. 이것은 당시 예술가의 성격을 잘 나타내고 있다. 예술가는 단순한 예술만으로 생활해 갈 수가 없었던 것이다.

또 서양 미술사에서는 유명한 이야기지만 미켈란젤로(1475~1564)는 레오나르도의 조각을 헐뜯고 레오나르도의 그림에 도전했다. 격정적인 미켈란젤로는 항상 레오나르도에 도전을 노골적으로 드러냈다. 물론 지금

미켈란젤로는 조각가로서, 레오나르도 는 화가로서 역사에 불후의 이름을 남기 고 있지만, 위에서와 같은 사정은 당시의 예술가가 많은 분야에 손을 대고 있었다 는 것을 말해 주고 있다.

그림 32 | 레오나르도 다빈치

예술가는 그림을 그리고, 조각 작품 을 만들며, 대장간 일도 했다. 또 그들은 기계나 대포를 만들고 수문, 운하, 성곽 을 설계했다. 그리고 회화를 위한 기하 학의 지식을 필요로 했고, 기계나 포술을 위한 새로운 측량 용구를 만들었다.

이와 같은 사정 때문에, 당시의 예술가는 장인(=기술자) 중에서도 가장 고급 장인에 속했다. 1500년 전후에는 「회화와 조각은 자유학과(고급 이 미지)에 속하는가, 또는 기계적 기술(저급 이미지)에 속하는가」라는 논쟁 이 흔히 있었다. 거기서 예술가들은 사회적인 존경을 얻기 위해서 자기들 의 일과 학문과의 관련을 강조했다. 따라서 화가 중에는 기하학이나 축성 술(築城術) 등에 관한 책을 저술하는 자도 있었다.

사실 당시의 화가는 기하학을 알았고, 의학 지식도 필요로 했으며, 측 량 용구도 만들어냈다. 이 점에서 레오나르도는 가장 전형적이다. 이 예술 가들이야말로 근대과학의 선구자였던 것이다.

기술자의 공헌

E. 즈이르젤은 『과학과 사회』에서 이렇게 말하고 있다.

「대학의 학자와 휴머니즘 문학자 아래에서 예술가, 항해가, 조선가, 목수, 주물사, 광산기사가 묵묵히 기술과 근대사회의 전진을 위해 일했다. 그들은 나침반과 총을 발명했다. 그들은 제지공장과 철사공장을 만들어냈다. 그들은 용광로를 만들었고, 16세기에는 광업에 기계를 사용하기 시작했다. 그들은 경제 경쟁으로 길드의 전통적 속박에서 벗어나, 발명심을 자극받아 의심할 바 없이 경험적인 관찰, 실험 또 인과론적 탐구의 참된 개척자였다. 그들은 교육도 못 받았고 대개 문맹이었던 것으로 생각된다. 그리고 아마 그 때문에 오늘날 그들의 이름조차도 모를 것이다.」, 「이들 고급 장인 중에서도 예술가가 가장 중요하다.」, 「외과의는 고급 장인의 제2그룹에 속했다. 이탈리아의 몇몇 외과의는 예술가와 접촉을 가지고 있었다. 이것은 회화가 해부상의 지식을 요하는 데서 기인한다.」, 「악기의 제작자는 예술=기술자와 접촉을 가지고 있었다. ……그들은 제3의 그룹이 된다.」, 「항해, 천문기구와 측량과 포술을 위한 계기(計器)의 제작자가 제4그룹을 이루었다. 그들은 나침반, 천구의(天球儀), 십자측량구, 사분의(四分儀)를 만들었고, 16세기에는 자침편차계(磁針偏差計), 자침부각계(磁針俯角計)를 발명했다.」

르네상스의 고급 장인이 근대과학기술로의 길을 개척했다. 15세기에 들어가서는 이른바 의사는 해부를 하지 않고 이발사들이 해부를 했다. 학자가 서적을 중심으로 이론에 탐닉하고 있는 동안에 장인과 예술가는 해부

그림 33 | 근대과학기술로의 길을 뚫은 중세의 장인

를 하고, 측량하는 장인과 항해자는 실험적인 측량을 했고, 기구제작자는 갖가지 실험과 측량을 했다. 그들은 자주 양적인 계산을 했다. 그리고 이들 고급 장인은 당시의 학자가 그다지 알고 있지 못하는 도법기하학, 역학(力學), 화학, 야금술, 해부학 등의 분야에서 이론적인 지식을 발전시켰다. 레오나르도 다빈치는 그 전형적인 예다.

이들 고급기술자는 16세기 초기부터 학자가 쓰는 라틴어가 아닌, 자국어(이탈리아어, 프랑스어, 에스파냐어 등)로 항해에 대한 짧막한 이론이나 포술상의 여러 문제를 내용으로 출판하기 시작했다. 더구나 그들은 도법기하학이나 수학의 교과서, 야금술이나 축성술, 나침반 제작에 대한 소책자를 출판했다. 그러나 16세기 초기에 존경을 받고 있던 학자들은 아직 이런 책들에 관심을 보이지 않았다.

1600년 무렵의 전환

그러나 시대의 흐름은 학자들에게 언제까지 상아탑에 틀어박혀 있도록 허용하지 않았다. 1550년 무렵이 되자 아직 소수이기는 했지만, 약간의 학자들이 차츰 중요해진 기계나 갖가지 기술에 흥미를 갖기 시작했다. 기계나 포술, 야금이나 광산, 또 항해술과 필요한 지도의 제작, 나가서 잇따른 지리학상의 발견에 관해서 라틴어가 아니고, 많은 사람이 읽을 수 있도록 자기 나라말로 책을 내게 되었다. 이리하여 책 속의 이론과 현실의 기술이 접촉을 시작함으로써 학자와 장인을 격리하여 건전한 과학기술의 발달을 방해하고 있던 장벽이 무너지기 시작했다.

16세기 말이 되어서도 보통, 지적인 훈련은 대학의 학자와 휴머니스트에게 전속해 있고, 실험과 기술은 장인에게 속하는 것이라고 했다. 그러나 1600년 무렵 양자의 결합으로 근대의학이 탄생하게 되었다. 그 사정을 전형적으로 보여준 것이 갈릴레오(1564~1642)와 프란시스 베이컨(1561~1626)의 등장이다. 갈릴레오는 장인적인 지식과 방법을 흡수하고, 학자적인 지성을 바탕으로 실험결과를 정량적으로 표현해 가면서 근대과학의 첨단을 개척해 나간 최고의 학자이다. 베이컨은 장인적 방법과 실험, 그리고 기술의 중요성을 강조하면서 과학기술의 시대가 개막되고 있다는 것을 계몽했다. 그도 최고의 지식인 중 하나였다.

「전체적으로 보았을 때, 16세기 말기에 수공업자가 쓰고 있던 방법이 아카데미에서 훈련된 학자층에까지 도달한 것은, 과학의 탄생에 있어서 결정적인 사건이다.」(즈이르 젤, 『과학과 사회』에서)

갈릴레오의 역사적 위치

1638년에 저술된 갈릴레오 갈릴레이의 『두 새 과학에 관한 논의와 수학적 논증』(『신과학대화』)는 4일간의 대화로 구성됐는데 그 첫째 날 첫머리에 이렇게 말하고 있다.

사르비야치(새로운 과학자) 「당신들 베네치아 시민의 조병창(造兵廠)에서의 하루하루의 끊임없는 활동은, 연구자들의 머리에 사색을 위한 널따란 작업 터를 주고 있는 듯 생각된다. 그중에서도 기계공작장이 제일일 것이다. 많은 직공이 여러 모양의 연장을 만들거나 기계를 운전하고 있으며, 그 무리 중에는 조상대대의 경험을 이어받고 또 자신도 사물을 잘 관찰해서 충분한 지식을 가졌을 뿐 아니라 그것을 잘 증명하는 방법도 알고 있는 사람이 있으니까.」

사그레드(베네치아 시민) 「전적으로 말씀 대로야. … 저 친구들과 이야기를 하고 있을라치면 과연 그렇구나 하고 깜짝 놀랄 일이니, … 꽤나 괴상한 일이며 거의 믿을 수 없는 일들이 마구 튀어나와서, 그 덕분에 여태까지 몰랐던 문제를 해결하는 열쇠를 발견하게 되는 일이 흔히 있어 …」

이 인용으로도 알 수 있듯이, 근대과학은 장인의 기술과 결합해서 태어났다. 사실 갈릴레오는 젊었을 때 대학교수를 지내면서 기계학과 기술에 관해서 가르친 일이 있으며, 당시 자신의 작업실에는 장인이 그의 조교로 있었다. 또 갈릴레오의 첫 저술은 자신이 발명한 군사용 측정기

그림 34 | 갈릴레오

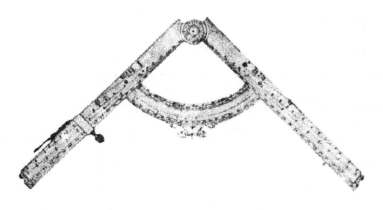

그림 35 | 갈릴레오가 발명한 군사용 측량기구

구에 관한 것이었다(1606).

실험을 하지 않고 머릿속에서만 생각하는 일이 얼마나 잘못인가를 『신과학대화』에서 자세히 언급하고 있다. 갈릴레오는 부단히 실험결과를 주의 깊게 관측하고, 실험결과를 정량적으로 표현해 가면서 물리학 연구를 추진해 나갔다. 또 갈릴레오의 위대한 점은 단지 실험과 수학을 결부한 데에만 그치지 않고 더 나아가, 현상의 설명을 단순한 이론으로 환원하는, 바꿔 말하면 단순한 원리에서 많은 현상을 설명하게끔 노력했던 일이다. 갈릴레오는 이론의 중요성을 인식하고 역학 등의 이론을 모색했던 것이다. 그는 역학 연구에서 명확히 근대적인 과학 연구방법을 구사했고, 또 물리학의 이론(과학의 이론)에 대한 최초의 명확한 모델을 보여 주었던 것이다. 정확하게 말한다면「근대 유럽에 있어서」라고 덧붙여야 할 것이다. 반복해서 말하지만 근대과학 이론은 11세기의 이슬람 세계에 이미 나타났었다.

프란시스 베이컨

프란시스 베이컨은 1620년에 『노블 오르가눔』(신논리학)이라는 책을 저술했는데, 그 가운데서 다음과 같이 말하고 있다.

그림 36 | 베이컨

「그리스 사람들은 어린아이와 같은 특징을 지녔다. 그들은 항상 수다스러운 말을 준비하고는 있지만, 물건을 만들어낼 수는 없었다. 왜냐하면 그들의 지식은 말로는 풍요하지만, 지식의 사실에 대해서는 불모(不毛)이기 때문이었다.」

베이컨은 장인의 기술을 중시했는데, 그것은 실제로 물건을 만들어 낼 때 올바른 과학지식을 얻을 수 있다고 믿었기 때문이다. 베이컨은 실험을 존중하고 「귀납법(歸納法)」을 제창한 것으로도 유명한데, 즈이르젤에 의하면 「그가 과학의 새로운 방법으로 제창한 귀납법은 분명히 수공업자의 방법이다.」

그러나 이론적 지식이 결여된 장인은 새로운 과학을 낳게 할 수는 없으며, 학자와 장인의 결합이 필요하다고 베이컨은 이렇게 기술하고 있다.

「경험론자는 눈에 보이지 않는 수많은 길이나, 뒤얽힌 분기점, 모든 방면을 향해서 교착하고, 서로 뒤엉켜 있는 통로나 우회로를 가진, 커다란 미로(迷路)를 닮은 자연 속에서 어찌할 바를 모르고 있다고 한다면, 지성론자 측은 스스로 거미줄을 치는 거미와 비슷하다. 그러므로 우리의 소망은 이두 가지 능력, 즉 경험적 능력과 지적 능력을 불가분하게 결부시키는 일이다.」 베이컨은 당시의 항해자, 발명가와 장인의 역할을 중시하고 새로운 시대가 도래하고 있다는 것을 지적했다.

개인주의적인 사고

유럽에서 근대과학이 탄생한 것은 실로 단순한 한두 가지 요인에 의한 것이 아니라, 많은 요소가 서로 관련되어 있었다. 지금까지 말해 온 요인 외에 또 한 가지 주의해야 할 점은 유럽 사람의 개인주의다(개인주의는 Individualism으로 Egoism과는 다르다).

11세기를 중심으로 하는 중세 중기에, 유럽 사람들은 강제력이 강한 농촌사회 속에서 고립하여 생활했다. 당시의 농촌에서는 정신적으로나 경제적으로 개인에 대한 속박이 강해서 개인이 자유로이 행동할 수 없었다. 그런데 12세기 이후의 도시탄생기에는 많은 사람들이 자유를 찾아서 도시에 모여들었다. 집단조직에서 벗어난 사람들은 집단의사에 의해서가 아니라 자기 자신의 사고에 따라서 이전의 사회를 비판하면서 자기중심적인 행동을 하게 되었다.

다시 즈이르젤의 문장을 인용한다면, 「새로운 사회의 개인주의야말로 과학적 사고방법의 전제조건이 되는 것이다. 과학자도 결국은 자기 자신의 눈과 두뇌에 의존했고, 또 자기를 권위에 대한 신뢰로부터 독립시키기를 필요로 하고 있었던 것이다. 비판 없이는 과학은 존재하지 않는다. 비판적인 과학 정신(이전의 경제 경쟁이 없는, 어떤 사회도 전혀 알지 못했다)이야말로 인간사회가 여태껏 만들어 낸 가장 강력한 폭약인 것이다.」

성서에서 물리법칙으로

성서에서 온 「자연법」

「신이 모든 것의 입법자다」라는 생각은 유태교의 중심사상이며, 또 유태교에서 분리된 그리스도교에도 「세계의 창조자인 신이 그 백성에게 도덕과 의식의 법을 주었을 뿐 아니라, 물리 세계에도 법칙을 주었다(신이 자연법칙을 만들었다)」는 생각이 계승되어 왔다. 물론 오늘날에는 물리법칙이 신의 명령과 관계하고 있다거나 그것이 법적인 비유에 뿌리를 두고 있다고는 아무도 생각하지 않는다.

다시 즈이르젤의 문장을 인용한다면 「당시의 철학자와 과학자가 흥미를 갖기 시작한 물리적 사건에 대해서 관찰한 결과 반복해서 일어나는 결과가 신의 명령이라고 해석되어 자연법칙이라고 불리었다. 이와 같이 자연법칙이라는 개념은 신학사상에 뿌리를 두고 있었다. 나중에 가서는 이러한 비경험적인 요소는 차츰 잊혀 갔다.」

일신교(一神敎)의 전통 속에서 「신이 모든 법칙을 만들었다」, 「물리법칙(자연법칙)도 신에 의해서 만들어졌다」라고 하는 사유(思惟)가 있어, 이것이 근대과학을 낳게 하는 하나의 큰 원동력이 되었다.

신이 자연을 지배한다

이스라엘 역사상 가장 영광스러운 시대는 솔로몬왕 시대인데, 솔로몬의 죽음과 함께 이스라엘은 남북 두 왕국으로 분열되었다(기원전 926). 이 남북 두 왕국시대에 많은 예언자가 나타났는데, 『구약성서』 속의 예언자의 말인 이사야서와 예레미야서에서 신의 자연지배에 대해 인용하고 해설해 보자.

「… 대로를 평탄케 하라. 골짜기마다 돋우어지며 산마다 작은 산마다 낮아지며, 고르지 않은 곳이 평탄케 되며 험한 곳이 평지가 될 것이요.」(이사야서에서)

「예레미야서 5장에서는 그 생각은 분명히 신의 명령을 들은 바다는 저항하려고 하지만, 너무나 힘이 약해서 주(主)의 지고(至高)한, 힘 앞에 머리를 숙이지 않을 수 없다는 것을 뜻하고 있다. 이것은 원시시대의 물활론(物活論)과 귀신론의 잔물일지도 모른다. 비, 번개, 바람, 땅, 특히 바다의 신의 명령에 따르게 된다.」(즈이르젤 저)

「신약성서로부터 유사한 표현을 찾아내는 것은 쉬운 일이다. 이를테면 신약의 맨 앞에 나오는 마태전에 이런 말이 있다. 「갑작이 바다에 큰 놀이 일어나 물결이 배에 덮이게 되었으니 … 예수가 곧 일어나서 바람과 바다를 꾸짖자 아주 잔잔해졌다.」

즈이르젤은 이렇게 말했다. 「물리적인 과정이 신 또는 재판관으로서의 신에 의해서 감시되고 시행되고 있다는 생각은 고대와도 관계가 있었다. 오늘날에도 문헌으로 남아 있는 그리스어의 최고의 철학적 단편에 벌써 그 사고가 나타나 있다.」

천문학과 점성술이라는 명칭은 본래 같은 말이었다. 아리스토텔레스나 아르키메데스 등은 「점성술」이라는 용어만 썼다. 그러나 고대 그리스시대에 「천문학」이라는 용어를 쓴 학자도 있었다. 그리고 유럽에서는 5세기에, 수도사를 위한 라틴어의 백과전서에 「천문학」은 「별의 법칙을 다루는 과학」이라고 설명하고 있다.

「천문학」이라는 용어는 무엇을 의미하고 있을까. 만약 별의 운동 질서나 규칙이 법률을 따른다는 생각이 없었더라면 별에 대한 과학이 천문학이라고 불리지는 않았을 것이다.

아퀴나스에서 케플러로

13세기의 유럽사상의 대표적인 학자인 토마스 아퀴나스는 「신은 모든 피조물의 행위와 운동을 지배한다」라고 말하고, 또 「법이란 행위의 규칙과 기준이다」라고 정의하고, 「물리적인 현상과 과정도 법에 따른다」라고 했다. 토마스는 물리현상은 「자연법」에 따른다고 하고, 자연법과 실정법을 구별했다. 실정법은 입법자에 의해서 공포될 필요가 있는 것으로 생각했다. 토마스가 생각하고 있던 질서는 아리스토텔레스와 마찬가지로 목적론적인 것이다. 「모든 것은 그 당연한 목적을 향해서 움직인다」라고 토마스는 말하지만, 근대의 물리법칙은 인과론적인 것이다. 목적론과 인과론 사이의 차이는 크다.

그런데 17세기가 되자, 앞에서 말했듯이 고급기술자들이 기계나 총의 제작상의 필요에 의해서, 경험으로서 알려져 있던 일을 수량적으로 다루려고 노력했다. 한편 과학자들도 차츰 수량적인 방법으로 자연의 법칙을 표

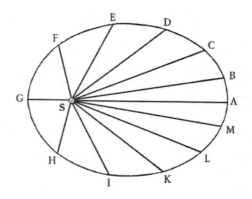

그림 37 | 케플러의 제2법칙 행성과 태양을 잇는 직선은 같은 시간에 같은 넓이를 간다

현하려고 노력했다. 과학자 중의 한 사람으로서 17세기 초기의 케플러는 자연현상, 특히 천체의 움직임은 신의 법에 복종한다는 사상을 이어받아, 우주의 수학적 질서를 밝혀내어 창조주로서의 신을 찬미하는 것을 자기의 사명이라고 생각했다. 그는 성서가 말하는 신의 법을 기하학적인 규정으로 바꿨던 것이다. 케플러의 자연의 법칙에 대한 사고방법은, 당시의 과학자 또는 17세기의 대부분의 과학자에게 공통된 것이었다.

그러나 한 가지 주목하고 싶은 일이 있다. 케플러가 유명한 행성운동의 세 가지 법칙을 말했을 때, 한 번도 「법칙」이라는 용어를 쓰지 않았다는 점이다. 케플러의 제1, 제2법칙은 『신천문학』(1609)에 발표되었는데, 이 두 가지 법칙은 문장으로 장황하게 설명되었다. 만년의 저서인 『세계의 조화』(1619)에서 제3법칙을 발표했을 때 처음으로 「정리」라는 용어가 나타난 것이다(즈이르젤의 같은 저서에서).

데카르트의 시대

그런데 케플러가 죽은 무렵부터 활약하기 시작한 데카르트(1596~1650)는 자연법칙이라는 개념을 십분 발전시켰다. 데카르트는 『방법서설』(1637)에서 「신이 자연에 둔 법칙」을 자신이 기초를 만들었다고 선언한다. 특히 『방법서설』의 부록에 「굴절광학(屈折光學)」이 있는데, 거기서 「법칙」이라는 용어가 몇 번인가 사용되고 있다.

그림 38 | 데카르트

데카르트에게 있어서 「신과 법칙과의 관계」는 어떻게 되어 있는 것일까? 데카르트는 「신이 우주를 창조했을 때 자연의 법칙을 만들어 두었었는데, 그 후 신은 자연현상에는 관여하지 않고, 자연현상은 단지 단순한 법칙에 따라서 움직이고 있다」라고 생각했다. 데카르트는 「자연의 법칙은 역학(力學)의 규칙과 동일하다」라고 말하고 있다. 이렇게 되면 적어도 자연현상에 대해서, 신은 실질적인 의미에서도 벌써 불필요하다. 유물론에의 첫걸음이 내디뎌졌다고 할 수 있다. 그러므로 신앙심이 두터운 파스칼은 「나는 데카르트를 용서할 수 없다」라고 말했던 것이다.

자연현상은 단순한 역학법칙에 바탕을 두고 기계적으로 움직여 간다고 생각했던 데카르트는 기계론자였다. 운동체에는 이미 전과 같이 정신을 생각할 수 없게 되었으므로 데카르트는 중세적인 생기론이나 물활론을 부정한 것이다. 따라서 그는 물체의 운동을 역학에 의해서가 아니라고 생각해,

관념적으로 설명한 아리스토텔레스의 목적론마저 배제했다.

보통의 물체만이 아니라, 나아가서는 동식물도 역학의 법칙에 바탕을 두고 움직이는 기계적인 것이라고 데카르트는 생각하고, 이렇게 기술하고 있다. 그러나 데카르트는 완전한 유물론자는 아니며, 가톨릭신자로서 신과 혼을 항상 의식했다. 그리하여 인간의 정신은 동식물과는 달라서 자연법칙(역학법칙)에 좌우되지 않는 숭고한 것으로 보았다. 따라서 그의 철학은 이원론(二元論)이다. 데카르트의 이원론도 역학적 자연관(기계적 자연관)도 후세에 큰 영향을 미쳤다. 여기서 특히 지적하고 싶은 것은 데카르트 시대에 아직 강력하게 유지되고 있던 「신이 자연에 대한 입법자다」라는 사고가, 데카르트에 이르러 체계화했다는 점이다. 즉 이미 신이라는 개념 없이 자연을 설명하는 것이 가능해졌던 것이다.

뉴턴역학의 고찰

데카르트에서 수십 년 후인 1680년대가 되자, 자연현상에 대해서 「법칙」이라는 용어가 빈번하게 사용되게 되었다. 먼저 뉴턴은 『프링키피아』 (1687)에서 「법칙」이라는 용어를 여러 번 썼다.

뉴턴역학은 운동의 3대 법칙과 만유인력의 법칙을 기초로, 역학적 원리에 의해서 천체와 지상의 많은 물체의 운동을 설명했다. 운동의 3대 법칙은 갈릴레오 이후의 역학의 연구성과 갈릴레오, 데카르트, 하위헌스에 의한 큰 공헌으로 당시 그와 같은 정식화(定式化)가 가능하게 되었다. 역학적 원리에 의해서 우주의 모든 물체의 운동을 포괄적으로 설명하려는 사

고는 데카르트에 의해 시작되고, 또 추진
되었다. 그러나 데카르트와는 달리 뉴턴역
학에 있어서 하나의 비약은 만유인력 법칙
의 도입이었다.

그림 39 | 뉴턴

아리스토텔레스 이래(또는 고대 그리
스 이래)의 사고방식에 따르면, 직접 닿지
않으면 힘은 작용할 수 없었다. 그렇기 때
문에 앞에서 말했듯이 토마스 아퀴나스(13
세기)는 행성을 움직이게 하는 것은 신이라고 명언했던 것이다. 어째서 태
양의 인력이 15000만㎞의 공간을 가로질러 지구에까지 와 닿는가? 어째
서 지구 근처의 물체와 지구 표면 사이(공간)에 거리가 있는데도 불구하고,
지구인력이 작용해서 물체가 낙하해 오는가?(오랫동안의 전통적인 사고로
는 접촉하지 않으면 힘이 미치지 못할 터인데도) 이 전통적인 사고로부터
의 이탈은 사실 혁명적인 전진이었다.

뉴턴 개인에 대해 말한다면, 이와 같은 발상은 뉴턴의 원자이론에서 나
왔다. 뉴턴은 일찍부터 원자와 원자 사이에 진공이 존재하면서도, 원자 간
에 인력이 작용한다고 생각했던 것이다.

그러나 역사가 가리킨 바에 의하면 만유인력의 가설은 뉴턴 한 사람의
공적에 돌아가는 것이 아니라, 하위헌스의 원심력의 연구를 거쳐 헤렌, 훅,
헬리가 뉴턴과 동시에 착상했던 것으로 생각되고 있다. 또 그들도 이미 운
동의 3대 법칙에 대해서 알고 있었던 것 같다. 그렇다면 뉴턴의 공적은 어

디에 있는 것일까?

뉴턴의 위대성은 미적분을 구사해서 크기를 갖는 행성이 원궤도가 아니라 타원궤도를 그리는 현실을 정량적으로 설명한 점에 있다. 이것에 대해 좀 더 자세하게 설명하겠다. 어떤 질점이 중심점 주위에서 원운동을 한다고 하면, 운동법칙을 사용해서 곧 설명할 수 있다. 그러나 질량과 크기를 갖는 행성과 질량과 크기를 갖는 태양의 상대적인 운동을 다룰 때, 이것이 질점운동으로 환원될 수 있다는 것을 보이는 데는 적분이 요구된다. 또 원운동이라면 단순하지만 타원운동의 경우에는 미적분을 구사하지 않으면 안 된다. 이와 같은 사정에서 뉴턴은 라이프니츠(1647~1716)와 더불어 미적분의 발명자라고 일컬어지고 있다.

뉴턴역학은 단순한 원리에 바탕을 두고 천체와 지상의 운동을 통일적으로 설명하는 데 성공했다. 전에는 지상의 법칙과 천계의 법칙은 별개의 것이라고 생각되었으나, 이제야 천계와 지상의 구별이 없어진 것이다.

달리 표현한다면, 역학의 법칙과 초기 조건(주어진 조건)으로 당시 알려졌던 모든 물체의 운동상태를 정량적으로 정확하게 그려내는 데에 성공했던 것이다. 이것은 최초의 엄밀한 물리학 이론이며, 그 후 다른 과학 이론을 형성하기 위한 모델로 되었다. 또 그 계산은 이후 허다한 문제에 적용되었다. 또 그것에 못지않게 중요한 것은 인간이 우주의 여러 현상을 정밀하게 기술할 수 있는 하나의 실마리가 개척되었다는 것, 인간의 지적 수준이 눈에 띄게 향상했다는 것, 그리고 인류에게 큰 자신감을 주었다는 일이다.

6장

아시아 과학 문명의 영광과 좌절

아시아의 과학 문명을 쇠퇴하게 한 것은 무엇일까?

근원적인 의문

저만큼 위대한 문화를 자랑하고 자연과학에 있어서도, 이미 말했듯이 많은 뛰어난 업적을 낳은 인도, 중국, 이슬람 등에서 어째서 근대과학이 탄생하지 못했을까? 어째서 유럽에서만 근대과학이 나타났을까? 그것은 과연 서양 사람이 동양 사람보다 우수했기 때문일까?

물론 유럽에서 근대과학이 탄생했기 때문에 유럽 사람이 특히 위대했었다고는 생각하지 않는다. 그러나 그 문제는 뒤로 미루고 먼저 그 까닭에 대해 답하고 싶다. 실은 그 까닭을 말할 때 인도, 중국, 이슬람 등을 아시아로 묶어 일괄하는 것은 타당하지 못하므로 어째서 아시아에 있어서 근대과학이 태어나지 못했는가를, 세 지역으로 나누어 말해보겠다.

인도의 좌절과 그 요인

인도를 여행한 사람이 경험하는 일이지만, 인도 사람은 흔히 「당신은 인생을 어떻게 생각하는가?」, 「당신의 종교관을 듣고 싶다」는 질문을 한다. 인도 사람은 지극히 내성적이며 종교적이다. 그들은 항상 종교와 인생에 대한 논의를 하고 있다. 예를 들면 인도 사람의 생활의 상징인 갠지스강을 보고 있노라면 자주 호수처럼 보인다. 「대체 흐르고 있는 것일까?」

그림 40 | 성스러운 갠지스강에서의 목욕

너무도 느릿하게 흐르는 강이다. 인도에 오면 「시간이 정체한 것 같다」
는 사람도 있다. 풍토 등의 영향도 있고 해서 인도 사람은 지극히 내면적
이며 종교적이다.

　이것은 인도가 정체한 하나의 이유일지도 모른다. 그러나 「그렇기 때
문에 인도가 뒤쳐졌다」는 풍토설에는 찬성하기 어렵다. 예를 들면 엥겔
스(1820~1895)는 마르크스(1818~1883)의 의견에 동조하여 「동양 사
람이 … 봉건적인 그것에조차 이르지 못했다는 것은 어디서 온 것일까?
생각건대 그것은 지세와 결부된 기후에 있다」[1]고 기술했는데, 유사한 견
해는 유럽 사람과 그 충실한 추종자였던 일본 사람에게 상당히 많다. 이와
같은 논의는 사실 아시아의 역사에 대해 공부하지 않았기 때문에 일어나

---

1) 마르크스의 1853년 6월 2일의 편지에 대답한 엥겔스의 동년 6월 6일의 편지의 한 구절.

는 아시아에 대한 폭론이다. 이와 같은 일보다 훨씬 중요한 것은 인도 사람이 정치력에 있어서 결여되어 있었다는 것이다.

고대 인도는 오랫동안 번영했는데,[2] 6세기 초기 굽타제국이 망한 후, 인도 사람에 의한 통일국가 또는 통일에 가까운 국가는 제2차 세계대전 이후까지 나타나지 않았다.[3] 굽타제국은 기마민족인 에프탈의 침입으로 멸망했는데, 그 후의 인도의 역사는 나라들의 난립과 이슬람에 의한 정복 및 영국의 200년 침략사로 얽힌다.

인도가 20세기 전반까지 1000년 동안 이민족에 지배되었다[4]는 사실은 근대와 현대의 인도의 비극의 최대 원인이었다. 그러나 「인도는 항상 이민족에게 침략받았기 때문에」라는 이유보다는 인도 사람에게는 정치력이 없었다는 점에 유의하고 싶다. 결론적으로 6세기 이후 1500년 동안의 난세였던 인도사에서 과학의 발전을 기대한다는 것은 무리였다.

또 하나, 제3의 요인으로서 카스트제도에 의한 인간의 위축도 주목해야 할 것이다. 카스트제도는 인도의 특수한 역사 환경과 관련이 있으며, 한마디로 카스트제도가 나쁘다고 단정하기에는 인도에 대해서 지나치게 알지 못하는 것이 되겠다. 결국 인도 문명은 인류사에 다대한 기여를 했음에도 불구하고, 과학사 속의 한 단계인 근대과학을 탄생시킬 수는 없었다.

---

2) 굽타제국은 고대 힌두문화가 최고조에 달했을 때 번영했으나 굽타마저도 인도평원을 중심으로 하는 북부를 통일하는 데 지나지 못했다.
3) 인도는 기원전 1500년에서 기원후 500년까지의 2000년간의 영광의 역사를 가지고 있다.
4) 인도의 북부는 1000년 동안 이민족에 유린당했으나, 남부는 수백 년간 제압되었다.

중국 과학 문명의 정체

「중국인은 모든 것을 생각했다」, 「근대 이전에 중국 사람은 모든 발명을 했다」라고 말하는 사람도 있다. 은나라 시대에 신비롭고 박력에 넘친 예술을 창조했던 민족, 전국시대에 제자백가(諸子百家)를 배출시킨 한(漢)민족, 그리고 한시대에 뛰어난 학문을 남겼던 사실, 또 송(宋)대에 세계 최초의 시민사회를 개척하고, 인간성에 가득 찬 고도의 과학기술을 포함하는 문화를 낳았던 중국 사람이 어째서 근대과학을 낳지 못했던 것일까?

이민족의 침략이 그 후의 보다 고도한 문화를 저해했던 것일까? 그보다도 가장 먼저 주목해야 할 점은 송→명→청에 이르는 최근 1000년 동안 황제의 권력이 차츰 커져서 민권을 압박했던 일이다. 역사가 근대로 올수록 민주적이라는 생각은 세계사에는 적용되지 못한다. 가장 치명적인 것은 근대의 300년 동안에(17세기 중엽부터 20세기 초까지) 중국이 이민족인 만주사람에게 제압당했다는 일이다.

여담이지만, 역사의 전통은 일조일석에 제거할 수 없는 것이다. 1000년 이래 독재의 전통은 중화민국(대만)에서도, 중화인민공화국에서도, 당장에는 해소되지 못하고 약화되기는 했으나 오늘날에도 계속되고 있다.

그러나 다른 민족의 침략이나 1000년의 독재성으로, 모든 요인을 몰아치는 일은 옳다고 생각하지 않는다. 다음으로 주목하고 싶은 것은, 위에서 언급한 인도 사람이 너무나도 내면적, 종교적이며 비정치적인 것과는 대조적으로, 중국 사람은 너무 지나칠 만큼 정치적인 민족이라는 점이다. 오랫동안 중국은 「사대부(士大夫)」라는 선비계급이 군림하고 있던 특수한 사회다. 중국에서는 독서인이 과거라는 시험에 합격하여 정치가가 되는 제도가 1000여 년이나 계속되었다. 정치와 학문이 너무 밀접하게 결부되었고, 학문은 정치에서 완전히 독립할 수 없었다. 뛰어난 학자는 문인인 정치가 중에서 나왔다.

『대학』 속의 유명한 구절이지만, 우리에게도 잘 알려져 있는 「격물(格物)·치지(致知), 수신(修身)·제가(齊家), 치국(治國)·평천하(平天下)」의 「격물」은 「사물의 연구」를 뜻한다. 이 구절로도 추측할 수 있듯이 자연과학이 철저하게 연구되기 어려웠다.

중국의 뛰어난 기술자는 서구의 근대 전반기처럼 밑에서부터 밀어 올릴만한 힘을 갖지 못했다. 그러므로 과학과 기술은 하나로 합쳐지지 못하고, 근대적인 자연과학이 성립될 수 없었다. 어째서 기술자가 밑에서부터 밀어 올려 사회를 뒤바꿀 수 없었느냐 하면, 정치적 압력이 강한 사회에서는 기술자의 자유가 제한받고 있었고, 학자의 전통적 권위가 너무 강해서 저항할 수 없었던 데 있다.

세 번째 이유는, 중국 사람이 불행하게도 건국 이래 근대에 이르기까지 주변에서 자기보다 우수한 문명을 발견하지 못했던 일이다. 일본 사람과 유럽 사람은 뒤지고 있었기 때문에 외래문화를 잇달아 섭취하는 데는 익숙했지만, 중국 사람에게는 주변이 모두 중화의 문명을 베풀어주어야 할 미개국이었다. 즉 중화사상이 강했다는 것이 화가 되었던 것이다.

12~13세기에는 서구학자도 중국학자도 자연현상과 인간, 사회현상을 통일적으로 총괄하려 했다. 이 무렵 유럽의 대표적인 학자는 토마스 아퀴

나스이고, 중국의 대표적인 학자는 주자(朱子, 1130~1200)이다. 그 후 유럽은 인간과 사회현상과 자연현상을 분리해서 근대적인 자연과학을 수립했지만, 위의 세 가지 이유 때문에 19세기까지 중국 사람은 12~3세기의 단계에서 본질적인 진보를 이루지 못했다. 특히 주목할 것은 14세기 말기 명나라시대 이후, 중국은 독재정치 등에 영향을 받아 위축되기 시작하여, 송(宋)대에 넘치고 있던 근대의 에너지를 상실한 일이다. 중국 사람은 이른바 중세에 고대문화를 창조했으면서도, 이른바 근대에 타락하여 문화적으로 쇠퇴했다. 최근 1000년 가까이 중국 역사와 유럽의 역사는 반대로 진행되었다고도 할 수 있다. 따라서 사회발전사관에서 역사를 재단(裁斷)하는 것은 현실적인 역사의 움직임에 적합하지 못하는 것이다.

따라서 중국 사람도 과학사 속의 한 단계인 근대과학을, 그리고 인류사 속의 한 단계인 근대문명을 만들어낼 수 없었다.

이슬람의 암흑기

이슬람 문명의 영광스러운 시기는 길었다. 7세기에서 17세기까지의 1000년 동안이 그 영광의 시대이며, 18세기에서 20세기의 3세기가 이슬람 역사상의 암흑기(쇠퇴기)로 오늘날의 추세를 연장해 간다면, 21세기에는 이슬람 문명이 다시 번영하게 될 것이다.

그러나 여기서 문제로 삼는 것은, 17세기까지 어째서 이슬람권이 근대과학을 낳지 못했느냐 하는 일이다. 10세기 무렵 광범한 이슬람 지역에서는 동시에 창조적인 학문이 잇따라 나타났었는데, 어째서 그것이 시들어져 버렸을까? 10~12세기에는 브하라를 중심으로 하는 중앙아시아, 아랍의 중핵부(이란과 이집트), 이베리아반도의 세 곳을 중심으로 학문이 백화제방(百花齊放)했는데, 이 셋 모두가 그 후 쇠퇴해간 것은 다음과 같은 이유에서다.

먼저 이베리아의 경우를 보면, 4장에서 이야기한 것처럼, 1095년에 이미 톨레도의 대도서관이 유럽 사람에게 점령당했던 것으로도 알 수 있듯이, 11세기 말 이후에는 팽창하는 유럽의 공세에 휩쓸려 그 영광을 유지하지 못하게 되었다.

다음으로 중앙아시아 쪽은 15세기의 티무르제국시대에 한번 학예가 부흥했지만, 일반적으로 중앙아시아는 끊임없는 기마민족의 침략에 시달려, 오랫동안 학문의 불꽃을 유지할 수 없었다. 제3의 아랍 중핵부는 16세기 초기 오스만제국에 제압되어 이 또한 양상이 바뀌었다. 오스만제국은 일종의 독재국가로 아랍민족에 대해서 탄압적이었다는 일면이 있다. 그 때문에 아랍민족은 수백 년 동안의 암흑에 잠겨버렸다.

또 하나 주목할 점은 이슬람권에서는 정치, 사회, 생활의 모든 방면에서 종교의 규제가 차츰 강화되어 갔기 때문에 그에 따라 창조성도 결국은 끊어지고 만 것이다.

이리하여 이슬람 지역에서도 근대과학을 완성하지 못했다.[5]

---

5) 앞에서 기술한 대로 이슬람은 근대과학의 단서를 개척하고 있으므로, 이 경우 「근대과학이 탄생되지 않았다」라고 쓰지 않고 「근대과학을 완성할 수 없었다」라고 했다.

서구 근대과학의 가능성과 한계

역사 속의 창조 에너지

1918년에 베스트셀러로 유럽에서 화제가 되었던 슈펭글러(1880~1936의) 『서양의 몰락』은 이렇게 주장하고 있다.

「생물계에 탄생, 성장, 발전, 노쇠, 사망이 있는 것과 마찬가지로, 모든 민족이 만드는 문화에도 생명이 있고 수명이 있다. 모든 문화에는 특유한 얼(魂)이 있다. 민족문화의 얼은 자연적, 무의식적으로 활동한다. 그 발전은 원시 영혼의 상태에서 갑작스러운 각성으로 시작하여, 언어, 국가, 예술, 학문의 형태로 모든 가능성을 다해 성숙에 이르고, 마지막에 늙어 죽어서 원시 영혼의 상태로 되돌아간다. 한 문화의 수명을 규정하는 것은 외적인 힘이 아니라, 내적 생명의 법칙성이다. 어느 문화에 대해서 고찰하더라도 발전단계(수명)의 주기는 약 1000년이다.」

그 후 아놀드 토인비(1889~1975)가 이 학설을 약간 수정해서 이렇게 썼다.

「생명력이 넘치는 새로운 종교의 출현, 또는 적극적인 종교개혁이 일어난 시점으로부터 한민족의 번영은 약 1000년을 계속한다.」

토인비 등의 학설이 완전무결한 것은 아니지만, 어느 정도의 역사적 사실을 설명할 수 있다. 이것을 현실의 역사 과정에 적용하면 이렇게 된다.

인도는 기원전 6~5세기에 불교, 자이나교가 발흥했던 시기에서부터 굽타제국이 멸망하기(6세기 초)까지 그 사이에 끊임없이 창조적인 것을 낳았지만 그 후에는 생기를 잃었다. 다음으로 중국의 경우는, 첫째로 기원전 17세기 무렵부터 종교적 정열이 은나라 문명과 주나라 문명을 꽃피게 했고, 둘째로 기원전 6~5세기의 영감적인 진보(노자=老子의 이름으로 대표되는 것)가 3세기 초기에 멸망한 한제국에 이르기까지의 문화창조를 가능케 했으며, 셋째로 3~4세기에 불교의 자극을 받아 불교와 노자의 사상의 융합에 의한 새로운 얼이 송시대 말기(13세기)에 이르기까지의 많은 문화발전을 가능하게 했었다.

이슬람의 경우는 7세기의 마호메드(570~632)의 가르침에서 비롯된 아랍의 얼이 17세기에 이르기까지 숱한 창조와 문명의 진전을 가능하게 했는데, 17세기 말에 쇠퇴했다.

그런데 유럽의 경우는 어떨까? 그리스도교는 5세기 이후 서서히 게르만 민족에게 침투되었는데, 그리스도교가 게르만 민족을 민족적으로 각성하게 한 것은 4장에서 말한 11세기 전후의 그레고리우스 개혁이라고 볼 수 있지 않을까? 때마침 11세기는 유럽이 목축시대(농업을 부업으로 한 시대)에서 본격적인 농업시대로 옮겨가는 시기였으며, 게르만 문명의 기점이라 할 수 있지 않을까?(슈펭글러가 문화라고 말한 것을 토인비 등의 경우는 일반적으로 문명이라 한다)

그렇다면 서구 문명이 몰락하는 것은 거의 20세기 정도이며 사실과 부합한다. 그래서 다음과 같은 말을 할 수 있을 것이다. 중국 문명이 3000년간의 창조, 발전기를 마치고, 수백 년 내지 1000년 동안의 암흑기로 접어들고 있을 때, 또 인도 문명이 이미 창조성을 상실하고 있을 때 서구 문명이 발흥하고 대두해온 것이다. 그 무렵 이슬람 문명은 아직 창조성이 넘치고 있었으며 활발하게 과학 연구 활동 등을 전개하여 세계 과학사 속 중요한 단계인, 각 지역의 과학의 총합화와 또 한 층의 진전이 이슬람 지역에서 보이고 있었다(특히 10~12세기). 그리고 아랍 사람 등에 의해서 근대과학으로 들어가는 전 단계의 작업이 완료되었을 때, 또는 근대과학의 전초전이 이슬람 지역에서 있은 후, 유럽 사람은 이슬람 지역에서 방대한 과학문화를 수입하여 세계 과학사의 다음 단계인 근대과학을 창조할 수 있었다.—즉 유럽 사람은 마침 과학사 속 또는 인류 문명사 속 한 단계의 작업(근대과학과 근대과학 문명)을 만들기에 알맞은 역사적 위치에 놓여 있었다고 할 수 있다.

역사적 단계로서의 근대과학 문명

유럽 사람이 필경 그 선배인 이슬람 과학을 계승해서 근대과학을 만드는 역사적 위치에 있었기 때문에, 또는 근대문명을 만들기 위한 좋은 역사적 위치에 있었기 때문에 근대과학과 근대문명을 만들 수 있었다는 것은 중요하다고 생각한다. 그러나 물론 그것만으로 모든 것을 다 설명할 수 있는 것은 아니다. 원래 게르만 민족의 에토스의 특수성과 사회 문제, 그리고 넓게 말해서 문화도 고려하지 않으면 안 된다. 여기서는 특히 다음 두 가지점을 지적해 두고 싶다.

하나는 5장에서도 약간 언급했지만, 유럽 사람들의 개인주의와 아시아 사람의 협동주의의 차이다. 유럽인, 특히 근대 유럽인은 먼저 개인을 생각하고 나중에 사회를 생각한다. 그런데 원래 아시아 사람은 어디까지나 사회를 첫째로 하고 개인을 둘째로 보며, 전체 속의 개인이라는 발상이 밑바닥에 있다. 그런데 「개(個)가 따로따로 독립적으로 행동할 수 있다」라는 사고방법이 없었다면 근대과학의 성립이 어렵지 않았을까?

유럽 사람의 사고는 단순했다. 개(個)가 전체에서 독립할 수 있는 것은 실은 표면적인 의미에 있어서 뿐이며, 또는 특수한 경우만이 아닐까? 그러나 그 표면적, 특수적인 것을 일반적이라고 간주한 점이 적어도 근대에서, 실은 유럽 사람이 성공한 하나의 비결이 아니었을까? 그리고 이와 같은 천박하고 단순한 사고에 철저할 수 없었다는 것이, 비유럽 사람이 근대과학 및 근대문명을 만들 수 없었던 한 요인이 아닐까?

다음 이데올로기의 다른 면에 초점을 비추어보자. 근대과학과 근대철학의 발족에서의 넓은 뜻으로 유럽 사람의 발상을 고찰하면, 그들은 아시아와 비교해서 사상이 상당히 천박하며, 천박하기 때문에 근대과학을 추진시킬 수 있었다고도 해석할 수 있지 않을까.

첫째로 자연을 정복하는 것은 정당하며, 또 자연을 정복할 수 있다는 사유(思惟)는 근대과학의 탄생을 부채질해 근대문명의 진전을 두드러지게 추진해왔는데, 아시아 사람은 이와 같은 단순한 발상을 할 수 없었던 것이다. 둘째로, 데카르트와 같이 순수사유로서의 정신과 순수연장(純粹延長)으로서의 물질의 두 세계를 분할하고, 이 둘이 저마다 다른 원리에 의해서 움직인다는 사고, 특히「연장하는 물질」이라는 사고는 근대과학의 탄생과 전진에 두드러지게 기여했다고 생각한다. 이와 같은 단순한 사고도 아시아 사람에게는 불가능했던 것이다.

또 셋째로 인식론적 경험론의 문제다. 영국 경험론의 시조라고 하는 존록(1632~1704)의『인간오성론(人間悟性論)』의 한 구절을 인용하면,「마음은 말하자면 글자가 씌어져 있지 않은, 아무 관념도 갖지 않는 백지다. 그러면 마음은 어떻게 해서 관념을 갖게 될까. 마음은 어디에서부터 추리와 지식의 모든 재료를 얻을까? 나는 한마디로 경험이라고 대답한다. 경험에 모든 지식은 바탕을 두는 것이며, 지식은 경험에서 유래한다.」

즉 록은「안다」는 것은 이성에 의하는 것이 아니라 경험이며, 갖가지 경험을 함으로써 지식이 증가한다고 생각했던 것이다. 그런데 이와 같은 근대 합리주의적인 사고방법, 일체의 신비주의를 배제하는 이와 같은 단순한 사고도 아시아 사람에게는 없었던 것이다. 20세기가 되어 융(1875~1961)이 일체의 지식, 또는 정보가 경험에만 의존한다는 사고방법을 부정하고, 심층심리학(深層心理學)에 바탕을 둔 더욱 종합적인 인식론이 나타났는데, 이 같은 사고는 융이 지적하듯이, 2000년 전(정확히 말하면 3세기 무렵)의 불교사상 등에 현저하게 나타나 있었던 것이다.

이들의 단순한, 말하자면 천박한 17세기의 철학에 의해서 17세기에 근대과학이 성립되고, 그 이후에 근대과학이 발전하게 되는데, 부당하게도 근대 일본 사람은 이들의 원리(사고)에 반하는 일본의 전통적 사상문화도, 그리고 아시아의 위대한 사상문화도 모두 가치가 없다고 단정해 버렸던 것이다. 이 단순성을 믿는 것이 과학적이며 근대적이며 진보적이라고 말해 왔는데, 이것은 일본 지식인의 몰개성(沒個性)의 본태를 드러낸 것이 아닐까.

근대과학을 보는 눈

지금까지 말해온 이들의 단순하고 천박한 사물에 대한 관점, 즉 개(個)가 전체에서 독립할 수 있다는 사고방법, 자연을 정복할 수 있다는 사고, 연장(延長)하는 물질의 개념, 단순한 인식론적 경험론 등, 이러한 사유가 다수자(제3세계)의 희생 아래 소수자(선진제국)에게 다대한 이익을 주는 것처럼 보여, 다수자 문제가 저편으로 내쫓기고 있는 동안은 선진국의 사람들에게 있어서 근대과학 문명은 좋은 것이라고 생각되어 왔다. 그러나 1970년대에 접어든 지금 천박한 근대 문명은 비로소 그 유치함과 추태를 선명하게 드러내고 있는 것이다.

이렇게도 표현할 수 있을 것이다. 지금까지 일본 사람이나 세계의 일부 사람들은 이렇게 생각하고 있었다.

「근대가 개막되기 이전의 과학은 유치하며 근대과학만이 우수하다」, 「근대의 사상문화는 그 이전과 비교해서 탁월하다」, 「근대 문명은 우수하고 위대하다.」

그러나 필자는 이와 같은 사유를 다음과 같은 두 단계로 나누어 수정하고 싶다. 첫째 단계의 사고는 이렇다. 「근대과학사는 세계 과학사의 한 단계의 산물에 지나지 않는다.」 「근대사상문화는 세계문화사상사 가운데서(

정도가 높지 못한) 한 시기의 문화형태다.」

둘째 단계로서 다음과 같이 주장하고 싶다. 근대과학은 과학의 내용만으로 본다면 어느 의미에서는 굉장한 성과를 가져왔다. 그러나 세계 과학사 속의 몇 단계 중의 하나다. 근대과학만이 압도적으로 뛰어났다고는 생각하지 않는다. 또 철학적인 의미의 과학사상이나 근대과학 문명이라는 관점에서 본다면, 근대의 여러 산물은 도저히 칭찬할 만한 값어치를 지니지 못했다. 특히 후자(근대 문명)는 인류사 속의 한 단계의 의무를 다하지 못하고, 인류사에 커다란 오점을 남겼다. 「근대 문명은 죄악이었다.」라고도 할 수 있을 것이다. 왜냐하면 다수자(제3세계)에게는 근대란 비공업화(전통공업의 해체), 퇴화, 비참한 시대였기 때문이다. 이와 같은 주장의 타당성은 9장에서 다시 검토하고 싶다.

7장

· · · · ·

근대과학의 흐름

18세기까지의 과학

태양중심설의 역사적 위치

1543년, 코페르니쿠스가 죽자마자 금단의 학설 「태양중심설(지동설)」이 공표되었다. 코페르니쿠스는 처벌을 두려워하여 죽음의 직전에 이르러서야 태양중심설을 책으로 인쇄하게 했던 것이다.

코페르니쿠스의 천문학 체계는 1000여 년이나 권위를 유지해오던 프톨레마이오스 체계를 교체하는 것이었다. 프톨레마이오스 체계에서는 지구를 중심으로 태양, 달, 여러 행성 등의 운동을 설명하는 데 81개의 원의 조합을 사용하고 있지만, 코페르니쿠스 체계에서는 원의 수가 31개로 줄었다. 지구중심설에 의하면 태양과 항성계가(우주가) 하루에 한 번 지구를 중심으로 회전하는데, 코페르니쿠스는 지구가 하루에 한 번 자전한다고 이야기함으로써 같은 현상을 설명할 수 있었다. 그리고 지구 대신 태양을 중심에 두었다.

여기서 특히 눈여겨보고 싶은 점이 두 가지 있다.

첫째 코페르니쿠스 체계를 채용하더라도 이전의 프톨레마이오스 체계와 마찬가지로, 여러 천체의 운행을 설명하기 위한 오차는 여전히 약 1%였다는 것이다. 즉 코페르니쿠스 체계가 아니면 설명할 수 없었던 것도 아니며, 더구나 정밀도가 더욱 높아진 것도 아니었다. 문제는 코페르니쿠스

그림 41 | 코페르니쿠스 천문 체계

가 합리적이었다는 점이다.

둘째, 코페르니쿠스마저도 원궤도의 조합에 구애받았다. 화성 등의 운행에 타원궤도를 채용하면, 한 행성에 하나의 궤도로서 충분한데도, 그와 같은 궤도를 가정할 용기는 없었다(타원 등의 곡선은 그리스시대부터 알려져 왔는데도 불구하고). 코페르니쿠스조차 「천체의 궤도는 원의 조합이어야 한다」는 플라톤 이래 2000년 가까운 전통에서 벗어날 수 없었던 것이다. 오늘날 우리에게는 너무도 터무니없는 일이며, 전통사상이 얼마나 무서운 것인지 이 한 예로서도 미루어 알 수 있을 것이다.

그렇기 때문에 코페르니쿠스의 합리적 정신에는 사실 얼마만큼 한계가 있었다. 코페르니쿠스도 사실은 아직 당시의 과학자와 마찬가지로 신비주

그림 42 | 코페르니쿠스

의자로서의 일면이 강했던 것이다. 이를 테면 코페르니쿠스는 그의 가장 중요한 저서인 『천체의 회전에 관하여』에서 다음과 같이 기술하고 있다.

「하늘보다 아름다운 것이 무엇이 있겠는가. … 이렇게도 높은 숭고성(崇高性) 때문에 철학자는 그것을 보이는 신이라고 부른다」, 「부동 상태는 변화, 부정(不定)의 상태보다 고귀하고 신적이다」, 「태양은 우주 한가운데에 고요히 머물러 있다. 이 아름다운 전당 안에서, 사방이 비칠 수 있는 장소 이외의 어디에다 이 램프를 둘 수 있겠는가.」

기계적 자연관의 성립과 전개

기계적 자연관이란 무엇이냐? 이를테면 행성이 태양 주위를 도는 것은 단순히 역학에 바탕을 둔 기계적인 운동이다. 그와 마찬가지로, 자연계의 모든 현상이 단순한 법칙에 바탕을 두고, 역학적, 기계적으로 움직이고 있다는 관점이 기계적 자연관이다. 데카르트의 유명한 동물기계론이 상징하듯이 동물도 식물도 인간의 신체도, 모두 역학법칙으로 설명될 수 있는 기계라고 생각되었던 것이다. 거기에는 정량적인 변화만 있고, 질적인 변화가 인정되지 않으며 발전이 없고 따라서 진화도 없다. 우주는 『창세기』가 말하듯이 어느 때에 창조된 이후 모두가 불변이라고 간주되었던 것이다.

어째서 이처럼 천박한, 당시의 아시아 사람으로는 도저히 생각할 수 없을 만한 터무니없는 자연관이 형성되었던 것일까? 그것은 유럽 사람의 사유의 유치함과 관련되는 것이지만,[1] 이와 같은 자연관이 근대과학의 초기에 과학의 전보에 두드러진 역할을 했다는 것도 사실이다. 또 이와 같은 천박한 자연관이 형성된 이유도 있었던 것이다.

그림 43 | 하비

첫 번째 이유는 그리스시대 이래의 우주의 수학적 질서에 대한 신뢰다. 두 번째로 유럽적인 그리스도교도 우주가 단순한 법칙에 바탕을 두고 있다는 것을 가르치고 있었기 때문이다. 사실은 역사적으로 본다면, 첫 번째가 두 번째로 변화했다. 세 번째로, 제5장에서도 말했듯이 기계적인 일을 하는 장인의 일이 17세기에 중요시되기에 이르렀기 때문이다. 네 번째로, 케플러의 법칙이 천체(우주)의 운동을 기계적으로 설명할 수 있었다는 것, 이어 하비의 심장을 중심으로 하는 혈액순환설(1628)이 인체의 일부 현상을 기계적으로 설명하는 데 성공했기 때문이다.[2] 기계적 자연관은 데카르트에서 성립되었다고 볼 수 있으며, 단순한 질서를 믿는 뉴턴이 기계적 자

---

1) 유럽 사람의 사상이 낮았기 때문에 도리어 과학이 진보했다는 역설도 성립된다.
2) 심장만이 그 작용을 기계적으로 설명할 수 있는 내장이다.

그림 44 | 린네

연관의 완성자라고 간주하고 있다. 만약 뉴턴역학이 모든 자연현상을 설명할 수 있다고 생각한다면, 그것이 기계적 자연관인 것이다.뉴턴역학은 18세기에 많은 분야에 적용됨으로써 역학적 현상의 설명과 처리가 차츰 진전되어 갔다. 강체(剛體)역학, 탄성체(彈性體)역학, 유체(流體)역학 또 일반역학, 그리고 천체역학의 발전은 18세기 과학의 한 특징이다. 또 뉴턴역학을 뒤받치는 것으로 수학이 있다. 미분방정식 등의 연구가 그 좋은 예다. 한편 18세기에는 린네(1707~1778)의 동식물분류법이 하나의 커다란 업적(1755)인데, 이것은 정적인 분류법이며 기계적 자연관이 질적인 변화를 인정하지 않는 정적이라는 의미에서, 린네의 생물학은 기계적 자연관 시대의 생물학이었다. 19세기에 접어들면서 동식물의 분류 방법은 더 다이내믹한 사고에 의해 진전되어갔다.

또 18세기 프랑스의 기계적 유물론(단순 유물론)도 기계적 자연관 시대의 산물이었다. 그러나 18세기의 영국이나 도이칠란트 등지에서는 유물론은 아직 신봉되지 않았다. 당시 유럽의 과학자의 대부분은 뉴턴만큼은 아니었지만, 아직도 종교적, 신비적 사유가 강하고 성(聖, 종교)과 속(俗, 과학)은 아직 분리되지 않고 있었다 —17세기보다는 분리되어 있었지만.

화학혁명의 의의

보통 「고전역학」이라고 불리는 것은 갈릴레오에서 시작되어 뉴턴에서 완성된 것이 아니라, 실은 16세기 전반기의 타르탈리아(1506~1557) 등에서 비롯하여 1680년대의 뉴턴의 『프링키피아』에서 완성되었고, 약 150년의 세월이 걸렸다. 갈릴레오는 그 과정의 중간에서 결정적인 공헌을 한 것이다. 이와 마찬가지로 화학혁명은 18세기 말기의 라부아지에(1743~1794)에 의해서 갑자기 일어난 것이 아니며, 또 18세기 한 세기의 축적만으로써 화학혁명이 성공한 것도 아니다. 근대화학의 연구는 적어도 16세기 중엽의 보일(1627~1691)로부터 시작되었다. 라부아지에와 돌턴(1766~1844)에 의해 근대화학이 성립되기에 이르렀는데, 그때까지는 역학혁명의 경우와 마찬가지로 150년쯤의 세월이 경과했다.

18세기의 일련의 기체 연구의 역사 속에서, 1774년에 프리스틀리(1733~1804)가 산소를 발견한 일은 특히 중요하다. 그 연구의 계승 가운데서 라부아지에는 「물질이 타는 현상은 그 속의 원소가 공기 속의 산소와 화합하는 일이다」라고 규명하는 데 성공하고, 또 동시에 「연소 전후에 있어서 질량의 총량이 불변하다」는 것을 확인했다. 이로써 질량 불변의 법칙이 유도되었다. 이 법칙은 「화학반응 전후에서 총질량이 불변하다」는 것을 가르쳐준다. 이를테면 나무가 타서 재

그림 45 | 보일

그림 46 | 라부아지에

가 되는 것은 나무 속의 탄소와 공기 속의 산소가 화합해서 이산화탄소가 되어 공기 속으로 빠져나갔기 때문이다. 그러나 반응에 관여한 물질의 질량의 총량은 변하지 않는다.

보통 라부아지에의 공적의 하나로서 최초의 원소표(元素表)의 공표를 든다. 그러나 18세기에 원소를 생각한 사람은 많았으며, 또 라부아지에의 원소표에는 기통 등의 협력이 중요했다. 어쨌든 물질의 근원을 뜻하는 원소의 개념이 18세기 말기에 확정되어, 이후 원소라는 개념이 활발하게 사용되게 된 것은 중요하다. 그 연장으로 19세기 초기에는 돌턴이 화학반응 시에 질량을 갖는 「원자」의 개념을 명확히 내세웠는데, 이것 또한 화학 및 자연과학 전체에 있어서 결정적인 진보였다.

1세기 반의 고투의 결과로 쌓아올린 18세기 말기의 라부아지에의 연소이론과 질량불변의 법칙에서 19세기 초기의 돌턴의 원자설에 이르는 짧은 기간이 화학혁명의 시기로 여기에서 비로소 근대화학이 확립되었다. 근대화학의 확립의 의의는 지극히 크다. 종래 「17세기 말기의 뉴턴역학의 완성으로 근대과학의 기초가 확립되었으며, 그것이 과학의 기초 이론으로서 가장 중요하며 이후의 과학 이론은 똑같은 과학 방법론 위에서 건설되었다」라고 하는 의견이 지배적이었지만(적어도 이것을 암시하는 서술이 많다), 필자는 이 견해에 약간의 정정을 하고 싶다.

직접 눈에 보이는 대상을 다루는 고전역학(뉴턴역학)의 건설을 위한 1세기 반의 고투와 원소나 원자라는 눈에 보이지 않는 추상개념을 구사하는 근대화학의 성립에 이르기까지 1세기 반의 몸부림은, 실은 방법론에서도 과정에서도 다른 바가 많다. 또 전자가 끝나고 나서 후자가 시작된 것이 아니라, 시간적으로도 약간 중첩되고 있었던 것이다. 그리고 더 중요한 점은 물체의 운동을 위한 고전역학과 물질 인식의 기초가 되는 화학반응, 원자론이 둘 다 나오게 됨으로써 비로소 자연과학의 광범한 기초가 다듬어지고, 자연과학이 크게 발전하기 시작할 수 있었던 것이다. 고전역학만으로 설명할 수 있는 범위는 너무도 한정되어 있었다. 그러나 물질론의 기초가 나타나기 시작함으로써 많은 현상을 해명하는 일이 가능해진 것이다.

19세기의 과학

변증법적 자연관으로

먼저 어떤 사전의 「변증법(辨證法)」의 항목을 인용하면 "헤겔은 유한한 것은 자기 자신 속에서 자기와 모순되고, 그것에 의해 자기를 지양하며, 반대로 옮아가는 것이라 하여, 이것을 변증법이라고 불렀다. 이런 입장에서 「전 세계가 부단한 운동, 변화, 발전 속에 있다」라는 것을 제시하고, 마르크스와 엥겔스는 유물론의 입장에서 헤겔을 비판적으로 소화하여 변증법을 「자연, 인간사회 및 사고의 일반적인 운동법칙, 발전법칙에 대한 과학」으로 해석했다(유물변증법). 즉 「형이상학적 사고법과 대립하여, 세계를 고정적 사물의 복합으로서가 아니라 새로운 것의 생성, 양으로부터 질로의 전화, 낡은 것의 소멸이라는 여러 과정의 복합으로서 인식하고」, 일체의 사물은 다른 사물과 상호관계에 있으면서도, 자기의 여러 과정 내부에 있어서의 대립물과의 투쟁에 의해 자기운동을 일으켜 발전한다는 기본적 법칙에 입각한다."

그림 47 | 헤겔

앞의 문장에서 괄호를 친 부분에 특히 주의하자. 17~18세기의 기계적 자연관에서는, 사물은 단순한 역학법칙에 기초를 두고서 기계적으로 움직이는 것이라고 생각하고 있으므로, 거기에는 질적인 변화는 없고 양적인 변화만이 있으며, 세계는 고정적이어서 발전, 진화가 고려되지 않았다.

그런데 18세기 말부터 이와 같은 자연관과 대립되는 변증법적 자연관이 대두했다. 「질적인 변화가 일어나고, 발전하며 진화한다」라는 사고는 변증법적 자연관의 바탕이 되는 것이다.

앞의 인용으로도 알 수 있듯이, 변증법은 더 깊은 뜻을 가지고 있지만 당장에 질적인 변화, 발전, 진화에만 주목해 보자. 질적 변화의 과학으로서 가장 대표적인 것은 화학이며, 근대화학이 18세기 말기에 성립된 것은 이와 같은 역사의 흐름과 밀접하게 관련된다. 또 질적 변화, 발전의 대표적인 예는, 달걀에서 병아리가 되는 과정이다. 알을 부화할 때 알의 내부는 몇 가지의 질적인 변화를 거쳐 병아리가 되며, 단순한 양적인 변화만을 거치는 것이 아니다.

다음으로, 질적인 변화와 양적인 변화의 누적에 의해서 우주가 진화하고, 지구가 진화하며 동물도 진화한다. 18세기 후반에 벌써 최초의 우주진화론이 칸트(1724~1804)와 라플라스(1749~1827)로부터 나왔으며, 휘동(1707~1788)이 지구의 진화를 암시하여 생물진화론의 선구적인 견해를 보였다. 그러나 생물진화론이 어느 정도 명확해진 것은 19세기 전기의 라마르크(1744~1829)의 『동물철학』(1809)에서이며, 또 지구진화론이 정연한 형태를 취하게 된 것은 같은 19세기 전기의 라이엘(1797~1875)의 『지질학원리』에서다.

일반적으로 질적인 변화, 발전, 진화의 과학은 18세기의 축적 등에 의해 18세기 말기부터 대두하여 19세기 전기에 확립되었다. 그 한 예로 지구과학에 대해서 말하겠다.

유럽에서는 17세기 말부터 화석의 유래에 대한 논쟁이 일어났는데, 18세기 후반의 산업혁명기에 이르러서 화석과 지층에 대한 탐구에 큰 진전을 보였다. 하나는 석탄 채굴이 증가해 대량의 화석이 발견되었기 때문이다. 이후의 영국의 윌리엄 스미드(1769~1839)의 실지 조사에서 지하는 암석의 성질이 다른 몇 개의 층으로 이루어져 있다는 것을 알게 되고, 다시 스미드는 일정한 지층에는 일정한 화석이 포함된다는 중요한 인식에 도달했다. 그는 1814년에 『영국의 지층 분류표』를 발표하고, 그 속에서 「중생대층」의 개념을 제창했다. 이것은 생물학에 있어서 「고생물학」의 성립을 촉진시켰을 뿐 아니라 지질학 또는 지구과학에서 「지층학」이라는 학문을 창시하게 되었다.

「지층은 어떻게 해서 형성되었는가?」, 「지구는 어떻게 변화해서 오늘날과 같은 상태가 되었는가?」는 18세기 말부터 논의되었다. 이 방면의 초기의 대표자는 당시의 지질학의 권위자인 베르너(1749~1817)였다. 「지구는 맨 처음 모두 바닷물로 덮여 있었다. 그 바닷물에서 최초로 화강암이 퇴적하고, 이어서 편마암이나 결정편암(結晶片岩)이 퇴적했다. ……」고 했다. 이와 같은 학설을 「퇴적론(堆積論)」이라고 한다. 바닷물의 변화에 의해서 지층의 형성을 설명하려 했던 것이다.

그런데 베르너보다 조금 뒤늦게 등장한 하튼(1726~1797)은 「대지는 융기(隆起)하거나 침전하므로, 그 운동의 원인에는 불과 물의 두 가지가 있으면, 그에 따라 지층도 기울어지거나 구부러진다」고 설명했다(1795). 하튼의 학설은 「화성론(火成論)」이라 불린다.

스미드의 조사적 연구나 하튼의 이론은 지구과학, 특히 지구의 역사에 다대한 공헌을 했는데, 그 후의 많은 성과를 바탕으로 1830~1833년에 저술된 라이엘의 『지질학원리』는 새 학문인 지구과학의 성립에 획기적인 것이 되었다. 이 책이 바로 근대적인 지구과학의 출발점이 되었다. 이 책에서는 많은 우수한 견해를 볼 수 있는데, 특히 지구의 역사를 전 캄브리아기, 고생대, 중생대, 신생대로 분류한 점은 중요한 의의를 지닌다. 왜냐하면 이후의 지구의 역사와 생명의 역사의 큰 테두리가 정해졌기 때문이다. 다만 라이엘이 지구의 역사를 수백만 년으로 본 점은 사실과 100배나 틀리며, 이것은 20세기 초기의 방사능에 의한 판단을 기다려야만 했다.

19세기 전기의 의의

철학자 푸코는 유명한 저서 『말과 물질』의 서문에서 다음과 같이 말하고 있다. 「서구의 문화 속에는 두 가지 큰 불연속이 있다. 하나는 고전주의 시대의 단서가 되는 것(17세기 중엽), 또 하나는 19세기 초기의 우리의 근대성의 발달을 표지(標識)하는 것이다.」

대충 과학사에서도 거의 비슷하게 말할 수 있다. 과학사에 있어서나 일반사상사에서도 19세기 초기는 특히 중요한 시기다. 19세기 전기의 과학사에서 특히 중요한 것은 바터필드의 편저인 『근대과학의 발자취』의 10장

「19세기 전반에 있어서의 과학의 발전」의 첫머리에 나오는 다음 문장으로서도 잘 알 수 있다.

「19세기의 처음 시기는 과학사에 있어서 가장 중요하다. 새로운 여러 가지 사실과 이론이 대개의 과학을 완전히 변모시켰고, 그것과 전혀 별도로 과학이 산업에 응용되어 인간의 외적인 생활방법에 역사상 최대의 변화가 시작되었다.」

필자는 19세기 전기(1800~1840)를 자연과학의 여러 분야의 성립기 또는 자연과학의 기초의 확립기라고 명명할 수 있다고 생각한다. 그 하나의 요인은 18세기 말기부터 대두해온 변증법적 사고법과 관련되어 있다.[3]

예를 들면, 고전물리학에서는 17~18세기 동안 고전역학만이 근대적인 성격을 띠고 있었지만 19세기 전기에 있어서 전자기학, 광학(光學), 열학도 근대과학으로서의 성격을 갖추게 되어, 이것들과 역학이 어울려서 고전물리학의 뼈대가 만들어졌다.

전자기학을 예로 든다면, 볼타의 전지가 발명된 것은 1800년이며, 전류 주위에 자기장이 만들어진다는 것을 발견한 것은 1820년, 이 전기에서 자기가 생기는 것과는 반대로, 자기장의 변동에서 유도전류를 만들어내는 일이 1831년에 발견되었다. 또 전기저항에 대한 유명한 옴의 법칙은 1827

---

3) 변증법사상이 18세기 말기부터 대두했다는 것은 유럽의 경우다. 인도(불교 철학의 이론 등)나 중국(노자의 철학)의 경우는 유럽보다 2000년이나 빨랐다는 논의도 있다. 기요사와나 니시다가 헤겔의 변증법이 아시아의 변증법보다 유치하다고 비판한 것도 당연하다(제9장 참조).

년에 발표되었고, 전류의 열작용의 공식이 만들어진 것은 1841년이다. 이 것으로 전자기학의 기초를 형성하는 모든 요소가 갖추어졌다.

다음으로 수학에서는, 종래의 물리학이나 실용을 위한 시녀로부터, 수학을 위한 수학이라는 새로운 국면이 전개되었다. 즉 순수수학이 탄생한 것이다. 이를테면 최근 너무 어려워서 초등교육에서는 배제되어야 한다는 「집합」은 1830년대의 볼차노(1781~1848)의 연구에서 연유한다. 「군론(群論)」도 1832년 갈타(1811~1832)가 처음으로 제창했다.

특히 흥미로운 것은 비유클리드기하학의 등장이다. 유클리드의 공리 중 「한 점을 통과해서, 어떤 직선에 평행한 직선을 한개만 그을 수 있다」는 것이 있다. 2,000년 이상 의심할 바가 없었던 이 평행선의 공리에 로바체프스키(1793~1856)가 1829년에 처음으로 이의를 제기했는데, 여기서부터 「비유클리드기하학」이 탄생되었다.

한편, 생물학에서는 1802년에 「생물학(Biology)」이라는 용어가 프랑스의 라마르크와 독일의 트레비티누스(1776~1856)에 의해 동시에 만들어졌는데 이 자체가 생물학이라는 학문이 겨우 출현했다는, 그리고 과학이 새로운 단계로 접어들었다는 것을 명확히 가리키고 있다. 콜루리의 저서 『생물학의 발자취』의 한 문구를 인용하면, 「이 용어는 동물, 식물이라는 두 계(界)에 있어서의 생명의 과정을 하

그림 48 | 로바체프스키

나로 결부하고, 동시에 동식물의 여러 연구방법을 한 개의 기본적인 사상 체계로 집중시켰다.」

또 19세기 전기에 확립된 생물학의 분야로 「비교해부학」과 「비교형태학」, 「생물진화론」 등이 있으며, 그 밖에 「세포설」(동물이나 식물도 세포의 집합체라는 확인)의 출현, 또 최초의 유기물의 인공합성(요소의 합성)이나 단백질의 발견 등을 생각한다면, 생물학사에 있어서 19세기 전기의 역사적 의의가 판명될 것이다. 19세기의 생물학에서 가장 각광을 받은 것은 생물진화론일지도 모른다. 그러나 세포의 연구는 19세기 후기부터 생물학의 발전을 촉진했고, 단백질의 연구도 20세기 중엽부터 생물학의 진전과 결부되어 갔다.

정리, 종합의 단계

변증법적 자연관이 나타나고 많은 기초과학이 탄생한 19세기 전기에서 이어지는 19세기 중엽은 과학의 여러 분과가 활발하게 성장, 발전해 간 시기이다. 필자는 이 시기(1840~1870)를 과학의 정리, 종합의 시대라고 정의할 수 있다고 생각한다. 이 시기의 「종합」은 오늘날의 시점에서 본다면, 단순한 기초 또는 초보에 지나지 않는다고도 할 수 있겠지만, 당시의 시점에서 본다면 19세기 전기의 여러 과학 위에 쌓인 종합으로서 과학이 다음 단계로 나아가기 위한 중요한 단계였다. 19세기 전기는 새로운 과학의 탄생과 성립의 시기이고, 중엽은 종합의 시기였다는 것을 진화론을 예로 들어 설명하겠다.

그림 49 | 라마르크

그림 50 | 다윈

라마르크는 1809년에 『동물철학』을 저술했는데, 이것은 최초의 체계적인 진화론을 다룬 저서로 주목받았다. 특히 이 책에서 가장 중요한 것은 「용불용설(用不用說)」이다. 라마르크는 『동물철학』에서 다음과 같이 말하고 있다.

「충분한 시간, 필연적으로 양호했던 환경조건 및 지표의 모든 상태로 인해서 잇따라 받은 변화의 도움으로 간단하게 말하면, 새로운 환경조건과 새로운 습성이 생명을 얻게 된 것의 기관을 바로 고치게 하는(更正) 능력의 도움으로, 현재의 모든 생물은 부지불식 간에 오늘날 우리가 볼 수 있는 것으로 형성되어 왔다.」

라마르크의 책은 실증적이라고는 할 수 없지만, 진화사상을 처음으로 계통적으로 설명하며, 그와 같은 의미에서 역사적으로 중요한 자리를 차지한다. 라마르크보다 꼭 반세기 뒤에 유명한 다윈(1809~1882)의 『종의 기원』이 출판되었는데, 라마르크와 다윈의 다른 점은 어디에 있을까? 첫째로 다윈은 진화의 요인을 연구 분석했고, 둘째로 대량의 관찰 데이터의 축적을 바탕으로 종합적인 이론을 수립한 데 있다.

다윈의 작업의 한 특징은 그 종합성에 있다. 당시 19세기에 접어들어서 이미 반세기 이상이나 경과했는데, 그동안의 고생물학과 지질학 등의 성과에 바탕을 두고, 다윈은 절멸종의 시간적 분포와 생물의 진화 상태를 어느 정도 상세하게 제시할 수 있었다. 또 생물진화의 역사를 현생종(現生種)의 공간적, 지리적 분포와 관련지을 수 있었다. 즉 다윈은 생물진화의 계통도를 만들어낸 것이다.

또 그에 못지않게 중요한 것은 라마르크처럼 추리에 의해서가 아니라, 현실로 생물의 진화를 실증한 일이다. 다윈은 해결의 열쇠가 변이의 연구에 있다는 것을 인식하며, 여러 가지 동물이 변이하고, 그 변이가 유전한다는 것을 분명히 했다. 그리고 그와 관련해서 「자연도태」라는 주목할 만한 개념을 끌어들였다. 주위의 환경에 가장 잘 적응한 변종만이 생존경쟁에서 이겨 살아남는다고 다윈은 주장했던 것이다.

이렇게도 말할 수 있다. 이른바 「우승열패(優勝劣敗), 적자생존(適者生存)」에 의해 「변화하는 환경에 적응하여 종이 서서히 진화해간다」고 결론지었던 것이다.

진화론은 그 한 예이지만, 19세기 중엽에 다른 과학 분야에서도 여러 가지 종

그림 51 | 맥스웰

합적 측면이 나타났다. 이를테면 물리학에서는 「에너지 보존법칙」과 맥스웰(1831~1879)의 전자기학 이론 등을 들 수 있을 것이다. 전자는 역학에너지, 열에너지, 전기에너지 등 각종 에너지는 상호 간에 전환하지만, 에너지의 총량은 불변하다는 것을 가르쳐준다. 한편 후자는 뉴턴의 역학과 마찬가지로 기본적인 것이다. 왜냐하면 맥스웰의 전자기학은 전기현상이나 자기현상뿐만 아니라 광파나 복사도 포괄할 수가 있고, 광파는 전자기파의 일종이라는 것, 전자기파 속에 1전파라는, 당시에는 아직 알려지지 않은 파동이 존재한다는 것을 예언할 수 있었다.

또 한 예를 들면, 같은 시기의 화학에서 위대한 종합화는 멘델레예프(1834~1907)의 「주기율(周期律)」의 제창에 있다. 이것에 의해서 많은 원소의 상호 관련의 규칙성이 명시되었던 것이다.

19세기 후기의 특징

양자론(量子論)의 창시자인 막스 플랑크(1858~1947)는 아직 학생이었을 때 「물리학은 이미 끝났다. 모든 근본원리는 이미 발견되었고, 나머지는 측정의 정밀도를 높이는 일뿐이다」라는 선생님의 말씀을 듣고 낙심했다고 한다. 당시 맥스웰의 전자기학의 등장으로 인해 역학, 열학, 광학, 전자기학을 중심으로 하는 고전물리학이 완성되었던 것이다. 고전물리학은 모든 물리현상을 설명할 수 있다고 생각되었는데, 사실은 고전물리학의 완성과 동시에 고전물리학으로는 설명할 수 없는 현상이 당시에 이미 나타나고 있었다.

1857년에 음극선이 발견되었는데, 이것이 새로운 시대를 개척하는 선봉이 되었다. 음극선은 글자 그대로 음극에서 나오는 방사선이다. 가느 다란 진공관의 양 끝에 음극과 양극을 넣고 고전압을 걸면, 음극에서 양극 으로 향해 이상한 광선이 뻗어 나가는 것이 보이는데 이것이 음극선이다. 1880년대가 되자, 음극선의 정체는 원자보다 훨씬 작은, 음하전(陰荷電)을 가진 전자(電子)라는 것이 판명되었고, 또 모든 물질로부터 음극선이 생긴 다는 것에서, 전자는 모든 원소(원자)에 포함된다는 것이 확인되었다. 그 래서 「원자는 그 이상 나눌 수 없는 물질의 최소단위」라는 종래의 생각이 무너지고, 대신 원자의 내부가 어떻게 되었는가를 밝히는 「원자구조의 탐 구」가 물리학자들의 중요 과제가 되었다. 그리고 원자구조 해명의 최대의 열쇠가 된 것은 원자구조를 암시하는 원소의 선(線)스펙트럼이었다. 특히 가장 단순한 원자인 수소원자의 선스펙트럼의 구조분석이 1880년대에서 90년대에 걸쳐 진전되었다.

또 세기말인 1895년에 음극선을 쬔 진공관의 벽에서 수수께끼의 광 선 X선이 나타난다는 것이 확인되었는데, 이것이 하나의 다른 계기를 만 들었다. X선을 내는 원소의 탐구로부터 일련의 방사성원소가 발견되어 많 은 파문을 던졌다. 이들의 발견은 모두 당시의 물리학계에 큰 혼란을 가져 오게 했는데, 역사적으로 본다면 이것들이 20세기 전기의 물리학 혁명(원 자물리학)을 마련했다.

한편, 19세기 말기의 물리학에는 또 하나 다른 어려운 문제가 일어났 다. 빛(파)을 전하는 매질로서 상정되었던 에터는 실존하지 않는다는 것이

1880년대에 확인되었다. 이것은 고전물
리학에 위기를 몰고 왔을 뿐 아니라, 시
간, 공간의 개념에 근본적인 변혁을 요구
하게 되었다. 이 어려운 문제에 대답하기
위하여 20세기 초기에 상대성이론이 탄
생한 것이다.

그림 52 | 파스퇴르

　이리하여 20세기 초기의 물리학은 한
편에서는 원자의 탐구를 둘러싸고 양자
론 및 양자역학이 대두함으로써 자연 인식에 근본적인 변화가 일어났고,
다른 쪽에서는 다른 의미로 고전물리학의 변혁과 시공(時空)의 개념에 혁
명을 가져오게 하는 상대성이론이 태어난 커다란 변동의 시대였는데, 19
세기 후기는 혁명에 이르는 앞 단계의 시기였다고 할 수 있다.

　앞에서 말한 것은 물리학에서 본 19세기 후기의 과학사의 특징이지
만, 자연과학에 있어서의 한 분야인 생물과학은 어떻게 되었을까? 앞에
서 19세기 초기에 동물학과 식물학이 새로운 단계에 도달하여 「생물학」
이 탄생했다고 말했는데, 19세기 후기는 생물에 관련되는 과학의 규모가
더욱 확대하여 미생물학의 등장과 더불어 생물학과 의학을 합류한 「생물
과학」이 형성되어가는 시대였다고 정의할 수 있다. 이에 대해 두 가지 예
를 들어 보자.

　하나는 세균의 발견이다. 19세기 전기의 현미경의 진보로 10-3㎝ 크기
의 세균을 확인할 수 있었는데(「세포설」의 확립), 19세기 후기에 현미경이

더욱 개량되어 10-4㎝ 크기의 세균 연구를 가능케 했던 것이다. 파스퇴르(1822~1895)와 코호(1843~1931)에 의해서 세균이 동물과 인간의 전염병의 원흉이라는 것이 확인되고, 특히 코호는 1880년을 전후해서 결핵균, 콜레라균 등 숱한 세균을 발견했다.

세균은 동물과 인간의 양쪽에 작용한다는 뜻에서, 생물학과 의학을 결부시켜주는 역할을 다했다. 또 같은 19세기 후기에 현미경의 발달로 진전된 세포분열 연구는 이윽고 생물과학 전체를 추진하게 되었다.

이 시기의 또 하나의 예로서 근대의학의 성립에 대해 약간 언급하고자 한다. 의학의 중심을 이루는 생리학은 물리학과 화학이 어느 정도 진보한 다음에 비로소 확고한 기초 위에 발달하는 것이다. 이 시기에 생리학이 근대적인 단계로 접어든 것은 오히려 당연한 일이다. 근대적인 생리학을 확립시킨 것은 마장디(1783~1855)와 그 제자인 베르나르(1813~1878), 특히 후자다. 베르나르에 의해서 생리학의 실험에 관한 여러 원칙이 정식화되고, 이것에서 생리현상 또한 무생물에서의 법칙과 마찬가지로 정확한 법칙을 좇는다는 것이 밝혀졌다. 즉 생리학의 실험도, 만약 실험적 결정론을 정하는 조건이 갖추어지면, 물리나 화학실험과 마찬가지로 정확한 것이 되었다.

베르나르는 생리학의 방법론을 확립한 것은 물론이고, 그는 생리학의 많은 분야에 걸쳐 근본적인 발견을 했다. 이를테면 소화액(消化液)의 기능, 췌장의 역할, 간장의 글리코겐 생성, 당대사를 관장하는 것의 발견, 교감신경의 생리, 미주신경(迷走神經)의 역할에 대한 연구 등이 그에 의해서 개척되었다.

이와 같이 19세기 후반은 근대적인 의학이 출발한 시기이지만 사실은 근대적인 약학도 이 시기에 탄생했다. 이것의 가장 전형적인 예가 최초의 합성의약인 아스피린의 제조와 판매다.

위의 기술로부터 19세기 후기에 생물학과 의학을 포함하는 생물과학이 성립되고, 물리학과 화학을 토대로 생물과학의 내용이 충실해진 면을 알 수 있으리라 생각한다.

8장

········

20세기 과학의 전망

20세기의 과학

20세기 과학의 조류

근대과학사에는 봉우리가 세 개 있다. 첫째는 17세기의 과학혁명이고, 둘째는 18세기 말기에 시작해서 19세기 전기에 결실된 것이며, 셋째는 19세기 후기에 시작해서 20세기 전기에 결실을 맺은 성과다. 이렇게 본다면, 20세기의 과학을 위해서 특히 한 장(章)을 마련할 만한 충분한 이유는 없을 것 같다. 즉 20세기의 과학이 특히 뛰어난 것으로는 생각되지 않는다. 그러나 현시점에서 어떤 자리를 차지하고 있는가를 알기 위해서, 또 미래에 대한 전망을 위해서 20세기 과학에 대해서 이 장을 펼쳐보기로 한다.

20세기 과학의 조류를 역사적으로 본다면 30년 주기설이 매우 유효하다. 19세기인 1890년대 후반, 1920년대 후반, 1950년대 후반이 각기 새로운 전환이 시작되는 시기라고 볼 수 있을 것이다.[1]

1920년대 후반의 전환기의 의의에 대해서는 양자역학의 건설, 원자핵물리학과 물성(物性)물리학의 출발(1928), 양자화학의 출발(1927), 고분자화학의 발흥(1920년대 말), 새로운 합성화학의 시작(1930년대), 단백질의 분자량의 결정(1926), 효소 연구의 본격화(1926), 항생물질의 발견(1928),

---

1) 저자의 「현대과학기술에 있어서의 시대구분」 『과학사연구』 77권

뇌파의 발견(1928) 등을 들 수 있다는 것만을 지적해둔다.[2]

다음으로 20세기의 과학사를 분야별로 본다면, 가장 기본적인 것으로서 다음 네 가지에 주목하지 않으면 안 될 것이다. 첫째는 원자로부터 원자핵, 소립자로의 흐름(원자→원자핵→이른바 소립자→기본입자), 둘째로 일렉트로닉스의 진보(컴퓨터를 포함), 셋째로 고분자과학(고분자화학이라도 좋으나, 과학이라고 쓰면 좀 더 광범히 해진다), 그리고 넷째로 생명의 과학(특히 분자생물학) 네 가지다. 다만 중요한 순서로 기술한 것은 아니고 대상의 차원이 다른 점에서 나눈 것이다.

원자의 내부와 양자론

고전물리학에 있어서 물질은 연속체로서 다루어지며 에너지의 변화도 연속인 것으로 간주하고 있었다. 이를테면 탄성체(彈性休), 강체(剛休), 유체의 역학(또는 「~의 물리학」)에서는 물질이 연속적으로 이어져 있는 것으로 간주했다. 그리고 그와 같은 가정 아래에서 미분방정식이 구사되었다.[3]

또 에너지 변화의 연속이라는 것은 시간 간격(Δt)을 작게 잡으면, 에너지의 변화(ΔE)를 얼마든지 작게 할 수 있는 것으로 알았다.

그러나 근대물리학에서는 물질도 에너지도 불연속으로 된다. 물질의 불연속성은 원자, 원자핵, 소립자의 존재로 분명해졌지만 에너지의 불연

---

2) 저자의 『20세기의 과학』
3) 단 하나의 예외는 19세기 후반의 기본분자운동론이다.

그림 53 | 아인슈타인　　　　　　　　**그림 54** | 러더퍼드

속성에 대해서는 이를테면 「광자(光子)」를 들면 곧 알 것이다. 빛은 종래 단순한 파동이라고 보아왔으나, 1905년에 제출된 아인슈타인(1879~1955)의 광량자(光量子, 광입자, 줄여서 광자라고 한다)가 얼마 후 일반에게 인정되었다. 즉 빛은 hν라는 광자의 집합이라고 볼 수 있는 것이다. h는 플랑크 상수라고 불리는 미소상수이며, ν는 빛의 진동수다.

　아인슈타인의 광량자설은 1900년에 발표된 플랑크의 양자설의 연장이었다. 에너지의 불연속성을 설명하기 위해서 h를 도입한 것은 플랑크였다. 그런데 원자물리학사 중에서도 가장 위대한 발견은 1911년 러더퍼드(1871~1937)에 의한 원자핵의 확인이다. 원자의 99.9% 이상의 질량이 원자 지름의 약 1만 분의 1의 미소체적(원자핵)에 집중하고 있다는 것은 정말로 경이적인 일이다.

　원자핵의 발견 후, 물리학의 최대 관심은 양하전의 원자핵 주변에 음하

그림 55 | 보어

그림 56 | 슈뢰딩거

전을 갖는 전자가 어떻게 선회하고 있느냐 하는 문제에 있었는데, 재빠르게도 1913년에 보어(1885~1962)는 수소의 선스펙트럼을 훌륭하게 설명할 수 있는 원자 모형을 제출했다. 이것은 러더퍼드의 핵 발견에 이어지는 획기적인 위업이다. 다만 보어는 현상론적인 설명에 성공했지만, 원자구조의 원리는 1920년대 후반의 양자역학의 출현을 기다려서 비로소 이해가 가능하게 되었던 것이다.

양자역학

파동이라고 생각되고 있던 빛이 입자의 성질을 띠고 있다면 거꾸로 종래 입자로 보아왔던 전자에도 파동의 성질이 있는 것이 아닐까 하고 생각한 것이 드브로이(1892~1987)다. 1924년의 일이다. 이것이 양자역학의 실마리가 되었다.

이듬해 1925년, 슈뢰딩거(1887~1961)는 전자파(電子波)의 개념으로부터 전자의 운동방정식(파동방정식)을 만들었다. 그리고 새로운 역학(파동역학)을 전개하고, 이것을 바탕으로 원자 내의 여러 현상, 특히 원자구조를 거뜬하게 이론적으로 해명하는 데 성공했다.

역사적으로 말한다면, 양자역학에는 슈뢰딩거가 개척한 파동역학과 하이젠베르크(1901~1976)가 개척한 마트릭스역학이라고 불리는 것이 있는데, 1927년 무렵에 디랙(1902~1984)이 양자역학을 계통적으로 형성하는데 성공하여, 여기에 거시세계(巨視世界)를 설명하는 뉴턴역학(고전역학)에 대항해서, 미시세계를 해명할 수 있는 양자역학이 성립된다. 그렇게 말하기보다는 고전역학은 양자역학의 일부분(즉 양자역학이 더 일반적이다)이라고 할 수 있다. 양자역학은 그 후의 물리학, 또는 넓게 말해서 그 후의 자연과학의 기초가 되었다.

전자는(빛도) 파동과 입자의 두 성격을 띠는데, 보는 각도에 따라서 그 중의 한 성질이 나타나는 것이다. 일반적으로 소립자는 파동과 입자의 이중성격을 가지고 있다. 양성자, 중성자, 전자 및 숱한 중간자가 소립자이며, 광자도 일종의 소립자다. 이 이후 소립자를 연구하는 소립자물리학이 출발했다. 원자핵은 중성자와 양성자로 형성되므로 소립자의 집합체다. 그리고 원자핵의 연구와 소립자의 연구에는 밀접한 관계가 있으며, 보통 원자핵물리학이라고 하면 원자핵의 연구, 소립자론, 이 둘과 밀접하게 관련하는 우주선의 연구까지를 포함한다. 그러나 우주선에 대해서는 생략하고, 원자핵물리학 중 원자핵반응과 원자력에 대해서만 약간 말해보자.

원자력의 발견

텔레비전의 구조를 전혀 알지 못하는 사람에게 텔레비전이 주어졌지만, 가르쳐 줄 사람도 없고 또 적절한 해설서도 없다고 가정한다면 텔레비전의 구조를 알기 위해서는 우선 텔레비전을 분해하지 않으면 안 될 것이다. 그와 마찬가지로 원자핵의 연구는 원자핵을 파괴해 보는 원자핵반응의 연구에서

그림 57 | 페르미

부터 출발하고 있다. 1932년에 원자핵에 양성자 등을 충돌시켜서 그 반응을 보는 원자핵반응의 연구가 시작되었다. 양성자를 핵에 충돌시키기 위해 고안된 것이 가속장치(가속기)이다.

당시, 원자핵반응은 원자핵에 양성자나 중성자를 충돌시킴으로써 일어났는데, 원자력의 아버지라고 불리는 페르미(1901~1954)는 1935년 당시 알려졌던 최대의 원자핵인 우라늄핵에 중성자를 조사(照射)해 보았다. 페르미의 계획은 초우라늄핵[4]을 만드는 데 있었는데, 뜻하지 않게도 핵분열과 연쇄반응(원자력)[5]을 발견하는 실마리가 되었다. 그 후 많은 연구자들

---

4) 우라늄의 핵에는 양성자가 92개가 있는데, 양성자가 93개 이상인 핵이 초우라늄핵(원자번호 93 이상)이다.

5) 우라늄235의 핵이(적당한 에너지의) 중성자를 흡수하면, 둘로 쪼개져서 다량의 에너지를 방출한다. 한 번만의 반응이라면 대단치 않지만, 분열할 때 즈음해서 나오는 중성자가 연쇄반응을 일으켜, 방대한 에너지가 얻어진다.

의 노력으로 1939년에 우라늄핵분열과 연쇄반응이 상세하게 연구되었고, 이 원리를 응용한 원자폭탄의 제조와 원자력의 개발은 이미 시간문제였다. 한편 거의 같은 무렵, 한스 베테(1906~2005)는 핵분열과는 반대의 융합반응을 발견했다(1938). 4개의 핵자(중성자와 양성자)가 자유로운 상태로 있기보다도, 결합해서 하나의 α입자(헬륨의 원자핵)를 형성하는데, 이때 질량이 줄어들고, 대신 질량의 차가 다량의 에너지로 전환되는 것이다.[6]

우라늄의 연구로 원자폭탄을 만들게 된 것은 1945년이며, 융합반응의 연구로 최초의 수소폭탄 실험이 행해진 것은 1952년 말기였다. 원자폭탄은 1945년 8월에 일본에 투하되었는데, 앞으로 원수폭이 전쟁에 사용되는 일이 없고, 군비축소의 추진으로 원수폭이 최종적으로 파기되기를 기대하고 있다.[7]

---

6) 화학반응에서는 질량이 보존되지만 원자핵반응에서는 질량이 변하므로 드나드는 에너지가 훨씬많다.

7) 이 책에서는 원자력을 언급할 분 소립자론은 모두 생략한다.

컴퓨터 시대로

트랜지스터 출현의 배경

1955년에 호주머니 속에 들어가는 트랜지스터라디오를 처음 접하게 되었을 때의 감격은 지금도 잊을 수가 없다. 이전의 라디오는 진공관으로 만들어졌는데, 진공관은 부피가 크고 더구나 내구성도 부족하다. 게다가 배선이 고정되어 있지 않았다. 우리 어린 시절의 라디오는 지금의 대형 텔레비전처럼 크고 무거우며 성능이 좋지 않았다. 그런데 트랜지스터라디오는 첫째 진공관이 트랜지스터로 바뀌고, 둘째 프린트 배선으로 되어 있어서 수첩만한 크기의 판 위에 배선이 프린트되어 있다. 그전과 비교하면 큰 진보다. 잘 알려져 있듯이, 당시 인기였던 트랜지스터는 게르마늄의 성질을 이용한 것이었다. 물리학의 발전과 트랜지스터의 등장과의 관련을 요약하면 이렇다. 금속은 전기가 잘 통하는 도체이지만, 전기가 통하기 쉽다는 원리를 알게 된 것은 1928년 이후다. 전자현미경으로 관찰하면 잘 알겠지만, 금속원자는 질서정연하게 배열되어서 결정을 구성하고 있다. 금속에 전기가 잘 통하는 것은 이와 같은 금속 내의 결정

그림 58 | 쇼클리

구조(격자구조)와 밀접하게 관련되어 있다. 전류가 잘 통한다는 것은 금속 내를 전자가 흐르기 쉽다는 뜻이다. 정연하게 늘어선 격자구조 속에서 전자가 흐르기 쉽다는 것은 펠릭스 블로흐(1905~1983)가 양자역학을 사용해서 증명했다(1928). 양자역학 덕분에 1920년대 말기부터 금속결정의 이론적 연구가 시작되었다.

그러나 1920년대 말기에서 1930년대에 걸친 연구는 아직 원리적, 기본적 구조에 관한 것에 불과했다. 그러나 제2차 세계대전 후가 되면서 현실의 금속 내부에 갖가지 격자결함이 있고, 불순물이 섞여 있다는 현상이 연구되었고,[8] 그와 함께 고체물리학(물성물리학의 중심 부분)이 실생활에 이용되었다.

트랜지스터가 등장한 것은 이와 같은 1940년 후반의 고체물리학의 발전과 밀접하게 관련되어 있다. 트랜지스터는 1948년에 미국의 윌리엄 쇼클리(1910~1989)와 그의 두 제자에 의해서 발명되었다. 그들은 반도체 저마늄을 연구하여 이것이 3극진공관과 같은 작용을 한다는 의외의 발견을 했다. 3극진공관의 내부에는 두 개의 양극과 한 개의 음극이 있다. 한편 반도체저마늄[9] 에 극히 소량의 불순물을 섞으면, 전자가 통과하는 방법에서 양극이나 음극이 되는 것을 양자역학의 계산으로 알게 되었고, 또 실험적

8) 전자현미경을 사용하여 주의해서 보면, 금속 내의 격자구조 속에 이상한 곳이 군데군데 발견된다. 원자가 빠졌거나(격자결함), 또는 불순물(다른 원자)이 섞여 있는 것이다.
9) 저마늄을 99·999999(나인 나인)의 순결정체로 정제한 것이다.

으로도 확증되었다. 거기서 두 개의 양극반도체와 한 개의 음극반도체를 결합해서 3극진공관으로 바꿀 수가 있다. 이것이 트랜지스터다(진공관에서는 전자가 진공 속을 통과하지만 트랜지스터에서는 전자가 고체 속을 통과한다. 그러나 전자의 흐름에의 작용은 동일하다).

컴퓨터의 실용화

1946년에 펜실베이니아대학의 프레스퍼 에커트(1919~1995)와 모클리는 세계 최초의 컴퓨터 에니악 1호를 발명했다. 그러나 이 컴퓨터는 비실용적인 거대한 괴물이라고 불리었다. 이 컴퓨터는 연산과 자동제어를 하기 위해 3극진공관을 사용했으며, 진공관 수는 18,000개, 전 중량이 실로 30t에 이르며, 소비 전력이 100kw이다. 몸집이 터무니없이 큰 것은 할 수 없다고 하더라도, 진공관이 1만 개 이상이나 들었기 때문에 자주 고장이 났다. 그래서 비실용적인 거대한 괴물이라고 말했던 것이다.

그러나 이 컴퓨터는 어떤 특수한 프로그램에 따라서 10진법으로 10자리의 곱셈을 0.003초로 하기 때문에, 그 이전의 계산기의 능력과 비교하면 압도적으로 우수했다. 계산속도가 탁월하게 빠르다는 것, 기억용량이 크다는 것, 자동제어로 일을 진행할 수 있다는 것이 컴퓨터의 뛰어난 점이다. 많은 결함은 있어도 컴퓨터가 출현했다는 것은 과학기술사상 또는 문명사상 획기적인 일이었다. 컴퓨터는 오랜 연구 끝에 탄생했는데, 특히 1930년대에 노이만(1903~1957), 위너(1894~1964)와 섀넌(1916~2001)의 공헌은 절대적이었다. 그들은 「예, 아니오」의 전류의 조합에 의한 연산과 정보이론을 연구하고, 그것에 바탕을 두고 여러 일을 수행할 수 있는 기계를 연구했다. 특히 노이만의 공적은 크며, 기계가 인간의 명령을 판독해서 고급 계산을 수행할 수 있게 연구했다. 이들의 연구를 기초로 다시 제2차 세계대전 중 미국 학자들에 의한 자동제어, 정보이론 등의 연구를 거쳐, 마침내 대전 직후인 1946년에 최초의 컴퓨터가 출현한 것이다.

그러나 모처럼의 뛰어난 원리도 진공관이라는 취약점 때문에 그 위력을 발휘하기 어려웠다. 그런데 1950년대 후반에 진공관 대신 트랜지스터가 채용됨으로써 정세는 일변했다. 트랜지스터는 내구성이 있으므로 컴퓨터의 고장이 두드러지게 감소하고, 그 위에 소형화가 가능하므로 컴퓨터는 훨씬 작아지고, 또 소자(素子, 트랜지스터 등)의 소형화에 의해 배선도 단순화되고 계산시간도 단축되었다. 이리하여 컴퓨터가 실용화됨으로써 컴퓨터시대가 도래했다. 다수의 소자와 배선이 트랜지스터라디오의 프린트 배선처럼 하나의 작은 판에 모이고 이와 같은 판이 컴퓨터 속에 몇 장이나 늘어서게 되었다.

트랜지스터를 사용한 당시의 대표적인 컴퓨터는 1959년에 출현한 IBM1620이었다. IBM회사가 다른 컴퓨터회사를 앞질러 세계 제일의 지위에 뛰어오른 것은 이때부터이며, 이로 인해서 컴퓨터는 이른바 「제2세대의 시대」로 접어들었다.

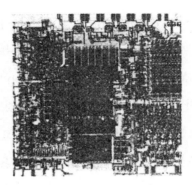

그림 59 | LSI의 내부 전자회로

IC에서 초LSI로

1960년 이후의 일렉트로닉스의 진보는 급속했다. IC(집적회로)라고 불리는 초소형 전자회로가 등장한 것은 1960년 무렵의 일이다. 불과 2㎜ 네모의 조각 속에 전자소자 수십 개 분이 포함되는 것으로 당시 충격을 불러일으켰다. 종래처럼 하나하나의 소자를 연결해서 회로를 만드는 것이 아니라, 많은 소자를 포함하는 회로를 단번에 완성해내므로 적분된 회로(Integrated Circuit)라는 뜻으로 「집적회로(集積回路)」라고 한다. 영문자의 머리글자 둘을 따서 「IC」라고 한다.

IC는 지금 여러 전자장치에 채용되고 있다. 성냥갑보다 작은 라디오나 귓속에 들어가는 보청기(補聽器)가 생겨났으며, 많은 전자제품이 훨씬 소형화되고 성능이 좋아졌다. IC의 이용으로 컴퓨터는 제3세대로 들어갔다. 재빨리 1964년에 IBM회사가 IBM360을, 이어서 RCA회사가 스펙트라70이라는 제품을 만들어냈다. IC를 사용한 최초의 컴퓨터다.

컴퓨터는 작아지고, 연산속도가 더욱 빨라지고, 이전보다 값이 더욱 싸졌다. 따라서 컴퓨터의 용도는 급속히 확대되어 컴퓨터의 대수가 급증하고 있다. 이를테면 MIS(Management Information System)라는 용어가 나타나고, 컴퓨터가 경영전략에 이용되기 시작한 것도 이 무렵부터이다. 기업경영에 필요한 모든 정보를 빠짐없이 타이밍에 맞게 컴퓨터에서 뽑아내려는 것이 MIS가 노리는 바다. 「정보혁명」이라는 용어가 활발하게 사용된 것은 1967년부터였다.

「정보혁명」, 「정보시대」라는 용어가 나타난 1960년대 말기는 문명사에 있어서의 한 전환기였다. 그러나 마침 그때, 일렉트로닉스 기술은 한층 더 약진했다. IC를 훨씬 웃도는 소자밀도가 높은 「LSI」가 출현한 것이다. LSI는 Large Scale Integrated Circuit(머리글자를 따서 줄여서 LSI), 즉 「대용량 집적회로」인 것이다. LSI는 같은 크기의 실리콘 조각에다, IC 수십 개 내지 수백 개분을 조립해 넣은 것이다.

LSI를 채용한 전자제품은 1970년대에 잇따라 등장했다. 이를테면 1977년에 컴퓨터로 가동하는 전기세탁기와 재봉틀이 나타났다. 이와 같이 가정전화(家庭電化)에 사용되고 있는 컴퓨터는 어른의 엄지손가락만 한 크기의 칩이다. 그 심장부는 새끼손가락의 손톱만 한 작은 LSI이고 그 속에 수천 개의 전자소자가 수용되어 있다. 작기는 하지만 기억, 제어, 연산이라는 컴퓨터 장치가 조립되어 있다. LSI로 인해서 컴퓨터는 마이컴, 미니컴 시대로 접어들었다.

그러나 진보는 머물 줄을 모르는 것일까. 70년대 말기에는 벌써 LSI를 더 웃도는 「초LSI」가 열심히 연구되고 있다. 초LSI란 어떤 것일까? 4㎜ 정사각형 실리콘의 작은 조각 속에 트랜지스터 등을 수십만 개 내지 100만 개나 조립해 넣는다는 것이다. 그 실현도 멀지 않을 것이라고 생각되고 있는데, 초LSI라면 마이컴은 100달러 정도가 되고, 큰 방을 차지하고 있는 대형 컴퓨터도 007가방에 충분히 들어가게 될 것이다.

참고로 덧붙이면 일본 가와사키 시에 있는 일본의 초LSI기술 연구조합 공동연구소는 초LSI의 개발을 둘러싸고 IBM과 각축전을 벌여 세계의 주목을 끌고 있다.

고분자의 세계

고분자의 발견

「슈타우딩거 교수님, 고분자라는 환상에 사로잡히지 마시오. 거대한 고분자 따위로 시간을 낭비해서는 못쓰오.」

처음으로 고분자의 존재를 제창한 슈타우딩거(1881~1965)에 대한 충고였다. 획기적인 새로운 일을 제창할 때, 학회의 지도자들은 항상 이것을 백안시했다.

그러나 1920년대 후반이 되자, 여러 분야의 연구에서 고분자의 존재를 이제는 더 의심할 수 없게 되었다. 그 하나는 X선회절에서 얻은 섬유분자 구조의 확인이었다. 섬유는 왜 강한가? 그것은 다수의 길고 가느다란 고분자가 평행으로 늘어섰기 때문이다. 섬유의 분자는 지극히 가늘고 길다. 20년대 후반에 마르크 등 몇몇 연구자들이 X선 실험의 결과에서 계산하여 섬유분자의 길이를 600Å(Å은 10-8㎝)이라고 했는데, 슈타우딩거 일파는 용액과 점도(粘度)에서 분자의 길이를 결정해내는 특수한 수단으로, 섬유분자의 길이를 10,000Å

그림 60 | 슈타우딩거

이상이라고 산출해냈다.

사실은 섬유분자(셀룰로스분자)는 모두 일치된 분자량을 갖는 것이 아니라, 중합도(重合度)가 다른, 갖가지 분자가 혼합해 있는 것이다. 그러나 어쨌든 한 섬유분자 내의 원자 수는 의외로 많다는 것을 알게 되었다.

1930년대에는 섬유의 구조가 판명되어 이론적으로 합성섬유를 만드는 것이 가능해졌다. 따라서 최초의 합성섬

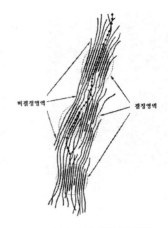

그림 61 | 미셀구조설이 주장하는 미세구조

유는 1935년에 캐러더스(1896~1937)에 의해 발명되어,[10] 1938년 공업화에 성공했다. 이것이 「석탄과 공기와 물로 만들어졌지만, 거미줄보다 가늘며, 강철보다도 강한 섬유」라고 선전된 나일론이다. 과연 강철보다 강할까? 같은 굵기로 비교한다면 강철보다 강한 것은 사실이다.

---

10) 19세기 말기에도 인공섬유가 만들어졌으나, 그것은 천연물질(식물성 물질)을 약간 변질시킨 것이었으며, 그다지 튼튼하지 못했다. 그러나 1930년대 이후의 합성섬유는 석유에서 얻은 물질을 일단 저분자로 분해한 다음, 고분자로 합성한 것이다.

플라스틱시대의 새 아침

그림 62 | 캐러더스

영어의 Plastic이라는 말이 흔히 사용되고 있는데, Plastic이란 원래 「형태를 만든다」라는 뜻을 갖는 형용사다. 그러나 오늘날 플라스틱이라고 불리는 것은 단순하게 가소성을 가진다는 의미만이 들어 있는 것이 아니다. 현재 플라스틱이라고 불리고 있는 물질은 「가소성을 가지며 적당한 강도를 갖는 고분자물질」이다.

그렇다면 플라스틱은 언제 나타났을까? 플라스틱은 이전에 합성수지라고도 불리었던 것으로도 알 수 있듯이, 최초에 만들어진 플라스틱은 송진과 비슷한 베이클라이트였다. 20세기 초에 베이클랜드(1863~1944)가 페놀(석탄산)과 포르말린을 반응시켰더니, 철벅 철벅하며 끈끈한 물질이 생겼고, 이것을 식히자 꼭 송진처럼 보였다. 베이클랜드는 이 연구를 계속하여 실용적인 물질로 만들었는데, 이것이 베이클라이트다.

그러나 베이클라이트는 지금의 플라스틱만큼 유용한 것이 못되며 합성방법도 달랐다. 최초의 본격적인 플라스틱은 염화비닐이며, 둘째는 폴리에틸렌이다.

먼저 1928년에 미국에서 석탄, 석회석, 식염에서 염화비닐이 만들어졌고, 1933년에 염화비닐의 공업화에 성공했다. 또 마침 이 해에 석유→에틸렌→폴리에틸렌이라는 과정으로부터, 새롭고 유망한 플라스틱인 폴리에틸렌이 발명되었고, 1938년에 폴리에틸렌 제품이 나왔다. 1938년에 나일론과 폴리에틸렌이 동시에 실용화된 것은 고분자시대가 다가왔음을 뜻했다.

석유화학공업의 흥륭

위에서 1930년대의 나일론이 석탄에서 만들어졌다고 말했는데, 이 점으로도 알 수 있듯이 당시 석유는 아직 거의 화학제품에는 사용되지 않았다. 첫째로 당시의 석유 사용량은 아직 적었고, 연료의 대부분은 여전히 석탄에 의존하고 있었다.

그런데 제2차 세계대전 때부터 석유의 사용량이 급속하게 늘어나고, 따라서 석유화학공업이 대두하기 시작했다. 대전 후 먼저 미국에서는 플라스틱과 합성섬유 등의 합성화학제품이 해를 거듭하며 급증했다. 한편 일본에서 석유화학제품이 나타난 것은 1950년대 전반으로 1960년 무렵부터 일본의 석유화학공업은 세계 제일로 고도성장하여 발전하기 시작했다. 그 성장이 얼마나 엄청난 것이었는지는 다음의 한 예로도 알 수 있다.

1966년에 연산 10만t의 에틸렌 플랜트가 처음으로 조업하자, 많은 회사들이 곧 25만t의 에틸렌 플랜트를 계획하여 통상성에 제출했다. 그런데 그 회답은 어쩌면 「30만t으로 하라」는 것이었다.

석유화학공업에서는, 먼저 석유 속에 있는 어떤 성분인 납사(重質의 가솔린)와 중유 속의 특수성분을 고온에서 분해하여 프로판, 에틸렌, 프로필렌, 벤젠 등의 저분자물질로 만든다. 다음에 이것들을 화학적인 방법으로 결합해서 고분자를 만들어 실용적인 플라스틱 등을 공급한다.

1950년 일본의 플라스틱 생산고는 화학공업생산고 금액의 2%를 차지하는 데 지나지 않았으나, 1965년에는 이 비율이 10배 이상이 되었고, 20%를 넘기에 이르렀다. 또 플라스틱 중에서도 1950년대에는 아직 염화비닐이 수위를 차지했으나, 1958년에 겨우 공업생산이 시작된 폴리에틸렌은 그 후 급증해서 1960년대 후반에는 폴리에틸렌의 생산액이 염화비닐을 앞지르게 되었다.

이와 같이 대량의 플라스틱이 생산되었기 때문에 플라스틱이 생활의 모든 방면으로 진출하게 되었다. 집안에는 플라스틱제품이 가득 차고, 일본 사람은 아침부터 밤까지 플라스틱제품을 사용하고 있다.

철기 문명 다음은 고분자 문명이라고 말하는 사람도 있다. 과연 그렇게 될지는 아직 알 수 없지만, 대량의 플라스틱의 사용은 이미 우려할만한 특수공해를 일으키고 있다.

생명의 수수께끼에 대한 도전

단백질과 효소

음식물이 위장에서 소화, 흡수되는 과정은 지극히 복잡하며 이것과 유사한 일을 실험실에서 하기는 상당히 어렵다. 더구나 체내에서는 불과 36℃ 전후의 온도로 이 복잡한 화학반응을 능률적으로 잘 수행한다.

어째서일까? 많은 소화효소의 덕분이다. 소화효소가 얼핏 보기에 복잡한 화학반응을 쉽게 수행해 나가기 때문이다. 소화만이 아니라, 여러 가지 생리작용에는 항상 갖가지 효소가 작용하고 있다.

지극히 묘한 작용을 하는 효소는 오랫동안 이해할 수 없는 것이라고 생

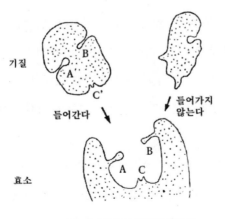

그림 63 | 효소의 활성중심 구멍

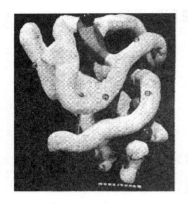

그림 64 | 미오글로빈분자의
저분해능 모형

각되어 왔으나, 1920년대 후반에 드디어 효소의 정체가 판명되었다. 미국의 샘너(1887~1951)는 우레아제(요소분해효소)라는 효소를 결정(結晶)해서 단리(單離)하는 데 성공하고, 이것이 단백질임을 증명했다. 그 이후 효소의 연구가 급속적으로 진전되고 있다.

또 같은 해 1926년 스베드베리(1884~1971)는 초원심분리기를 사용하여 단백질의 분자량을 측정하는 데 성공했다. 그 후의 측정에 따르면, 가장 작은 단백질이라도 분자량이 13,000이며, 큰 것은 수천만에 이른다. 1929년에는 X선회절에 의한 고분자의 분석이 성공되어 단백질의 구조도 조금씩 알려지게 되었다.

단백질의 연구가 획기적으로 진전되기 시작한 셈이다. 따라서 1920년대 후반은 과학사의 한 전환기이며, 각 분야에서 이 시기에 많은 새로운 싹이 튼 것을 지적했는데, 생명의 과학(생화학)에 대해서도 같음을 볼 수 있다. 다음에 이 단계에 이르기까지의 단백질 연구의 역사 가운데서 특히 중요한 것을 두세 가지 들어보겠다.

먼저 단백질이 생명의 기본 물질이라는 것은 1838년에 이르러서 알게 되었다. 「생명이란 단백질의 존재 양식이다」라고 엥겔스가 말한 것은 1877년의 일이었다. 마침 그 무렵에 단백질이 아미노산으로부터 형성된

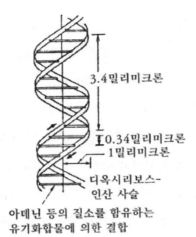

3.4밀리미크론

0.34밀리미크론
1밀리미크론

디옥시리보스-
인산 사슬

아데닌 등의 질소를 함유하는
유기화합물에 의한 결합

그림 65 | DNA의 이중나선

다는 것이 판명되었다. 그리고 20세기 초기에 아미노산이 결합해서 단백
질분자를 형성한다는 기본적인 특징이 판명되었다(펩티드 이론이라고 불
린다). 1926년의 단백질 연구는 그 후의 획기적인 진보이다.

단백질분자는 수십 개 이상의 아미노산이 결합해서 된 것인데, 아미노
산이 어떤 순서로 결합되어 있느냐 하는 문제(즉 단백질분자의 구조의 탐
구)는 1950년대부터 차츰 명확해졌다. 우선 1954년에 단순한 단백질은 인
슐린분자(아미노산이 51개)의 구조가 규명되었다.

또 같은 무렵에 폴링(1901~1967)은 수백 개의 아미노산을 포함하는
복잡한 단백질분자는 구(球) 또는 타원구(럭비공형)로 되어 있다는 학설을
발표했는데, 이것은 얼마 후 실증되었다.

핵산의 구조

단백질 인슐린의 분자구조가 해명된 것과 같은 무렵에, 더 중요한 발견이 다른 과학자에 의해 이루어지고 있었다. 생명의 근원인 핵산 DNA의 구조가 명확해진 것이다.

인간이나 고등동물의 한 세포 내의 정보량(情報量)은 보통의 책으로 대충 50만 페이지, 대백과사전의 약 10권분에 해당된다. 세포의 크기는 10-3㎝로서, 세포의 중심에 있는 세포핵의 크기는 약 10-4㎝에 지나지 않는다. 이와 같은 방대한 정보가 대체 어떤 구조에 의해서 작은 세포핵 내의 DNA에 저장되어 있을까? 이것을 알기 위해서는 우선 첫째로 DNA의 대략적인 구조를 알아야 한다.[11]

이 생명의 근원인 DNA의 구조가 1953년 드디어 제임스 왓슨(생물학자, 1928~)과 프랜시스 크릭(물리학자, 1916~2004) 두 사람에 의해 규명

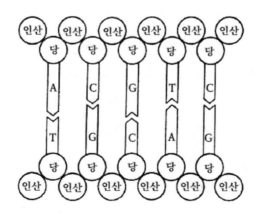

그림 66 | 왓슨-크릭의 모형

되었던 것이다. DNA분자는 두 줄의 실이 얽힌 이중나선(二重螺旋)으로 되어 있고, 한 줄의 실은 —당-인산-당-인산—이 사슬로 되어 있다. 그리고 두 실 사이에 무수한 사다리가 붙어 있다. 사다리를 구성하는 것은 네 종류의 염기(鹽基)이다. 한 줄의 실의 당으로부터 나온 염기와 다른 쪽 실의 당에서 나오는 염기가 결합해서 사다리의 한 단을 형성하는 것이다.

이중나선을 한가운데서 둘로 가르면, 한쪽 실은 무수한 「염기-당-인산」의 결합으로 되어 있다고 볼 수 있는데, 이 괄호 안의 한 단위를 하나의 「뉴클레오티드」라 부른다. 무수한 뉴클레오티드의 연결에 의해서 DNA가 형성되어 있다.

그런데 앞에서 말한 네 종류의 염기의 이름은 아데닌(A), 구아닌(G), 시토신(C), 티민(T)이며, A는 반드시 T와 결합하고, C는 반드시 G와 결합하도록 되어 있다. 즉 사다리의 계단은 반드시 A-T 또는 C-G이다.

핵산의 인공합성을 향해서

「생명의 인공합성」, 그것은 오랫동안 인류의 꿈 중 하나였다. 그 싹이 드디어 트기 시작했다. 생명의 인공합성 또는 생명의 인공개조의 길을 과학자가 한 걸음 걸어 나가고 있음이 최근 몇 해 동안의 진보로서 분명해졌다.

생명의 합성 또는 생명개조의 근본 문제는 핵산을 자유로이 다루는 일,

---

11) 역사적으로 말하면, 먼저 DNA의 대략의 구조가 판명된 후, DNA 내의 정보량이 알려지게 되었다.

즉 핵산을 인공적으로 합성하거나, 변화시키거나 할 수 있는 일인데, 핵산 중에서도 가장 단순한 t-RNA의 인공합성이 70년대 중엽에 마침내 가능해진 것이다.

핵산은 크게, 방대한 정보를 갖는 DNA와 DNA 내의 정보의 일부에 바탕을 두고 단백질을 만들 때 활약하는 RNA로 분류할 수 있다. 또 RNA에는 DNA 정보의 일부분(하나의 단백질 정보)을 복제해서 단백질 제조공장(리보솜)으로 가져가는 m-RNA와 그 단백질 정보를 바탕으로 단백질 제조 때 활동하는 t-RNA의 두 종류가 있다. 한 종류의 t-RNA는 한 종류의 아미노산을 운반해서 리보솜에서 합성하려 하는 단백질에 부착한다.

이 t-RNA(핵산)의 하나가 1970년대 중엽에 완전히 합성된 것이다. 이 일을 해낸 것은 인도 출신의 코라나를 중심으로 하는 미국의 연구그룹이었다. 그들은 1960년대 말기부터 알라닌이라는 아미노산을 운반하는 t-RNA의 인공합성에 착수하여, 우선 1974년에 이 t-RNA의 머리와 꼬리 부분을 제외한, 126쌍의 염기(A-T, G-C의 핵산의 사다리)로 이루어진 부분(t-RNA의 중간 부분)의 인공합성에 성공했다. 이어서 1975년에 꼬리 부분의 인공합성이 이루어지고, 다시 1976년에 머리 부분을 만들어 이것을 본체(중간부)에 접속해서 하나의 완전한 t-RNA의 인공합성에 성공했다. 이것은 인공생명을 향한 오랜 여행길에서의 착실한 한 걸음이었다. 더 중요한 것은 핵산 정보의 일부분을 조종해서 마음대로 생명을 조작할 수 있는 가능성이 눈앞에 나타났다는 것이다.

유전자공학의 시대로

1977년 말기에 「대장균이 소마토스타틴을 합성」이라는 큰 뉴스가 세계를 떠들썩하게 했다. 소마토스타틴은 인간 등 고등동물에게만 있는 호르몬으로, 성장호르몬의 분비를 억제하는 작용을 하고 있다. 그것을 생명과학(분자생물학)의 힘으로 대장균이라는 단순한 박테리아 속에서 만들어낼 수 있었던 것이다.

전 세계의 생물학자들은 「기어코 해냈다」라고 깊이 감격하면서 이 뉴스를 받아들였다. 드디어 유전자공학의 시대로 접어든 것이다. 그 방법은 먼저 소마토스타틴의 유전자를 인공합성하여, 이것을 가공한 뒤 대장균 속에 넣는다. 실용화에는 아직 문제가 있지만, 이미 난관을 돌파해서 전망이 펼쳐지고 있다.

또 1977년에 영국의 생거 등은 「파이X174」라는 작은 바이러스 속의 DNA 정보구조를 완전히 알아내는 데 성공했다. 이 DNA는 5,375개의 뉴클레오티드만을 가지며 상당히 작은 것이다. 이것도 핵산 연구에서의 큰 성과이다.

그런데 소마토스타틴의 인공합성에서 본 것처럼 유전자의 개편을 자유롭게 할 수 있다면, 종래 고등생물에게만 있는 호르몬 등을 미생물로 하여금 만들게 할 수 있을 뿐 아니라, 필요로 하는 단백질이나 비타민의 대량생산도 꿈이 아니게 된다. 또 작물의 품종개량이나 백신의 생산 등 여러 가지 유망한 응용도 가능하게 될 것이다.

그러나 과학의 위력은 양날의 칼과 같다. 유전자 개편을 의도한 것은 아니더라도, 자칫 잘못하여 위험한 미생물을 만들어낼 가능성도 크다. 인류의 생존이 위태롭게 될지도 모른다. 의도적으로 악용한다면 더욱 큰 문제다. 핵병기, 각종 공해에 이어서, 유전공학은 더 새로운 과학의 위협을 가져오고 있다.

9장

·
·
·
·
·

현대과학 재생의 가능성

새로운 산업사회의 위기

핵병기의 공포

1959년 4월, 수소폭탄을 적재한 미국 폭격기가 편대를 지어 날면서 러시아(구소련)령으로 향했다. 소련의 ICBM이 북극을 건너 미국으로 날아오고 있는 것을 포착했기 때문이다. 그러나 사실은 레이다가 잡았던 것은 소련의 미사일이 아니라, 큰 무리를 지어 날아오는 백조(白鳥) 떼였다. 곧 오판임을 알게 되자, 수소폭탄을 실은 폭격기 편대에 즉각 되돌아오라는 긴급명령이 하달되었다.

정말로 위기일발이었다. 인류멸망까지는 가지 않더라도 미소의 대수소폭탄전쟁에 의해, 국토가 풍비박산이 되는 것은 가까스로 피했다. 이 사건은 당시의 신문에 크게 보도되어, 후르쇼프(1894~1971) 전 소련(현 러시아) 수상은 격렬하게 미국을 비난했다. 그런데 이 사건은 필자가 아는 바로써는 아직 현대사 책에는 기록되지 않았다. 「목구멍을 지나면 뜨거운 것을 잊는다」는 것일까?

오늘날 미소 사이에 통신협정이 이루어지고, 이와 같은 오인이나 착각에 의한 멸망의 위기를 피할 수 있게 되었고, 또 한때 험악했던 미국과 중공 사이에도 우호의 다리가 놓이게 되었다. 그러나 한편으로 원자력 평화이용의 세계적 확산과 더불어 중소국들이 핵연료로부터 핵병기를 제조할

그림 67 | 지금도 굶주림에 시달리는 사람은 많다

위험성이 차츰 높아지고 있다. 이 사실은 내일의 인류사회에 커다랗고 어두운 그림자를 던져주는 것이다. 그러나 오늘날에는 핵병기만이 가장 중요한 문제는 아니다.

제3세계의 현상에 어두웠던 일본의 정치가나 지식인은 입장 여하를 불문하고 항상 「핵병기가 인류 제일의 위기」라고 발언한다. 그러나 해마다 수백만 명 이상이 굶주려 죽고, 지옥과 다름없는 제3세계의 빈민가가 연 10%의 비율로 확대되고 있을 때, 인류의 소수자인 선진제국 사람들이 핵병기를 첫째가는 위기라고 외쳐댈 권리가 어디에 있을까? 더 넓게 군사비 지출에 대해서 고찰해 보면, 세계 GNP의 9%가 군사비다. 이것은 절대적으로 큰 액수다. 세계의 군사비의 10%를 기아에 허덕이고 있는 제3세계에 원조한다면 몇억 명의 인간을 구제할 수 있을 것이다.

정보화 사회의 모순

최근 시청이나 구청은 근대적인 빌딩으로 개조되고, 거기에는 대형 컴퓨터가 이미 설치되어 있거나 설치되려 하고 있다. 그리고 이 빌딩 속에서 직원들은, 컴퓨터에 기억시킬 자료작성을 위한 단순한 작업을 하고 있다. 이제 주민 한 사람 한 사람의 상세한 자료는 대형컴퓨터에 점차 축적되고 있다. 「주소」, 「성명」, 「생년월일」, 「의료보험」, 「소득세액」, 「납세 상황」, 「각종 연금」 등이다. 오늘날 아직 거기까지는 가지 못한 것으로 생각되지만 「출입국기록」, 「범죄기록」, 「자동차등록」 등도 같은 컴퓨터에 기억된다면 어떻게 될까. 따라서 주민의 개인적인 정보는 단말기를 조작하여 아주 간단하게 입수된다.

이것은 지극히 편리하다. 그러나 이것이 주민들의 관리를 강화하고, 사생활을 침해하는 일이 되지 않는다는 보증이 어디에 있을까?

『컴퓨터여 뻗어버려라!』라는 책에서 저자들은 현역의 자치체(自治體)의 노동자로서 체험한 「행정의 능률향상 속에서 무엇이 일어나고 있는가?」를 조사하여 이렇게 말하고 있다.

「컴퓨터의 도입에 의해 어떤 변화가 일어났는가?」「① 직장 내에 계층분화가 진행됐다. ② 관리체제가 강화됐다. ③ 인원삭감이나 배치전환이 확대됐다. ④ 새로운 형의 일이 생겨나고, 단순작업원과 제너럴스탭으로 분극화해서 직장이 황폐했다.」

원래 기계 문명 속에서 인간의 마음은 차츰 물질로 집중해갔다. 1960년대 후반에 이른바 정보화시대가 개막된 후, 물질에 더하여 정보의 물결이 밀어닥쳤다. 이와 같은 상황에서 사람들의 마음은 「물질과 정보」로 점유되어 간다. 이 경향이 얼마나 인간의 정신을 손상하게 하고, 인간성을 파괴해 가는가를 어느 정도 진지하게 생각하게 되었을까?

더구나 스태그플레이션으로 뒤흔들리는 현실사회 속에서 동경하던 물질도 얻지 못하고, 비즈니스의 자동화에 의해 남는 시간을 유효하게 쓸 수 있는 보증이 없다고 한다면, 인간성의 파괴에 더하여 얻을 수 있는 것이 무엇일까?

지구의 오염화

「대기 속 산소의 약 60%는 해상의 식물성 플랑크톤에 의해서 만들어지고 있다. 이 플랑크톤을 위협할 우려가 있는 것들을 바다에 버리지 않도록 경고한다. 만약 바다의 오염이 현재의 속도로 계속된다면, 지구상의 대부분의 생물은 질식사할 것이다」.

이것은 1971년 1월에, 스위스의 과학자 '잭 피칼'이 한 말이다. 바다는 너무도 넓어서 인간의 활동은 거의 이 광대한 대양에 영향을 미치지 않을 것이라고 오랫동안 생각해 왔으나, 오늘날에는 이미 그렇지가 않다. 바다에 버려지는 물질에는 석유를 비롯하여 BHC나 DDT 등의 살충제, 세척제, 드라이클리닝용 액체, 화학폐기물질, 중금속, 희유금속, 방사성폐기물 등이 있는데 특히 심한 것은 바다의 석유 오염이다.

전 세계에서 연간 약 100만 톤의 석유가 선박에서 바다로 흘러들어가는데, 이 밖에 자동차의 폐유 약 100만 톤, 또 증발해서 대기 속을 돌아 마

그림 68 | 석유에 의한 해양오염은 끊일 새가 없다

지막에 바다에 녹아들어 축적되는 가솔린이 해마다 약 1000만 톤이나 된
다. 바다는 넓으니까 괜찮다고 생각할지도 모르지만, 석유는 장시간 해
상에 얄팍한 막을 쳐서 해상에 떠오르는 플랑크톤을 사멸하게 한다. 플
랑크톤의 죽음은 플랑크톤을 먹는 작은 물고기 등을, 그리고 잔 물고기
를 먹는 물고기를, … 이렇게 연쇄반응을 일으켜서 바다의 생태계를 멸
망시켜 간다.

　　그러나 바다의 오염은 현재 진행되고 있는 지구대기의 오염과 지상의
갖가지 공해와 비교한다면 그래도 아직 나은 편이 아닐까?

　　지금까지 핵병기의 위기, 정보화 사회의 문제점, 공해의 세 가지에 대
해 말했다. 앞 장에서 말한 20세기의 기초과학의 또 하나의 과제로서 생명
탐구의 문제가 있는데, 이것을 중대화하는 것은 앞으로의 일이며 「이 결과

가 인류사회에 미치는 영향은 정보화 사회나 공해보다도 더 충격이 크다」
라는 의견도 있다. 지면 관계도 있고 해서, 이 책에서는 이미(현저하게) 문
제화되고 있는 앞의 세 가지에 대한 논의만으로 그친다.

새로운 역사적 단계

근대에서 새로운 세대로

1970년을 공해원년(公害元年)이라고 한다. 1970년에 공해소동이 속출하여 장밋빛 미래론은 급속히 무너졌다. 이어서 1972~1973년에는 가뭄이 아시아와 소련(현 러시아)을 습격했고, 아프리카에도 굶주림의 큰 물결이 밀어닥쳐 세계적인 식량부족과 기근의 증대가 주목을 끌었다. 또 1973년의 석유 쇼크는 자원고갈에 대한 경종과 함께 더 불길한 예감을 증대시켰다. 결국 1960년대 말기의 장밋빛 미래론은 불과 2~3년 사이에 잿빛 미래론으로 둔갑되었다.

1970년대에 접어들어 뼈저리게 느껴지는 것은 과학 만능의 신앙이 무너지고, 근대 합리주의가 막다른 길에 이른 데다가 기능주의가 경원시되었다는 일이다. 이와 같은 정세를 반영해서 초능력, 괴기현상, 신령현상에 대한 관심이 높아지고 종교가 많은 사람들의 마음을 사로잡게 되었다. 1970년대에 들어와서 오카르트라는 글자가 눈에 두드러진다. 1960년대 이전과 비교해서 정신문화의 조류가 두드러지게 바뀌고 있다.

그러나 이것은 장기적인 비합리주의 시대가 찾아왔다기보다는, 1장에서 말했지만, 장기적으로 본다면 과학 만능의 근대 합리주의로부터 인간성을 존중하는 인간중심주의를 향해 역사가 흘러가는 것이 아닐까?

또 「물질 문명에서 정신문화의 존중으로」라는 것이 앞으로의 역사의 조류 변화를 보여주는 하나의 초점이 될 것이다. 또 획일적인 기능주의에 반대하는 다양성의 존중, 근대화=서양화에 반발하여 전통과 토착이 부활하기 시작한 것도, 1970년대에 이르러 차츰 두드러지고 있는 일면이다.

1970년대에서의 변화(1970년대 이후의 조류)로서, 근대 합리주의→인간중심주의, 물질 문명→정신문화, 기능주의→다양화를 들 수 있을 것이다. 1960년대 이전과 1970년대 이후의 문명사의 양상은 분명히 달라지고 있는 것이다. 근대의 여러 특징은 이미 사라져 없어지고, 근대와는 다른 새로운 시대가 시작되고 있으므로, 우리는 1960년대 이전을 「근대(近代)」, 1970년대 초기 이후를 근대와는 다른 「신대(新代)」라고 부를 수도 있을 것이다.[1]

역사는 근대에서 신대로 접어들었다. 이것은 문명사 이외의 분야에서도 말할 수 있지만, 한 예로서 국제정치사에 있어서의 전환을 극히 간단히 적어두고 싶다. 정치사에서는, 1960년대 말까지는 미소 두 초강대국가의 시대이며, 미국과 소련이 모두 넓은 의미로 서양이라는 의미에서 1960년대는 아직 근대에 속한다. 왜냐하면 근대의 한 중요한 특징은 서양이 우위에 있었기 때문이다.

그러나 1970년대에 들어와서 두드러진 변동이 일어났다. 정치대국으

---

1) 「신대」는 필자의 많은 역사방면의 저술에 언급되고 있으며(대표적인 것은 『현대의 눈』에 개제된 「근대의 종말—신대의 개막」), 최근 다른 저자도 사용하기 시작했다.

로서의 중공이 국제무대에 진출하고, 석유 값 인상으로 아랍이 세계적인 파문을 던지고 있다. 또 베트남에서는 미국이 베트남 인민을 이겨내지 못하고 베트남에서 철수(1973년 초)했다. 특히 중대한 일은 1974년 5월과 12월의 국제 연합에서 「신국제질서(新國際秩序)」에 관련되는 유엔의 여러 의결이 채택된 일이다. 이 이후 국제(정치경제)질서의 변경을 요청하는 제3세계의 압력이 여러 면에서 강하게 나타나고 있다. 국제정치사에 있어서의 이 변화야말로 근대가 지나가고 신대가 시작되었다는 것을 가장 강하게 뜻하는 것이다.

과학자의 책임

근대가 끝났다. 근대가 끝나고 신대가 시작되었다. 이와 같은 시점에서 「근대란 무엇이었던가?」, 「근대과학이란 무엇이었던가?」라는 질문이 강력이 대두되고 있다. 또 「앞으로 역사는 어디로 갈 것인가?」, 「우리는 앞으로 무엇을 할 것인가?」, 「과학은 어떤 방향으로?」라는 문제도 중요해진다.

종래 「근대는 이성의 시대이며, 그 이전은 미망(迷妄)의 시대였다」고 말해 왔다. 과연 그랬을까? 만약 그것이 진실이라고 한다면, 오늘날과 같은 고통과 당혹은 없었을 것이다. 「대체 근대란 어떤 시대였던가?」에 대답한다면, 첫째 근대는 인류의 다수자에게 있어서 비극의 시대였다. 제3세계의 경제사회는 산산이 파괴되어 그 상처는 깊고, 오늘날 10억 남짓한 인간이 기아선상을 방황하고 있다. 둘째로 과학 문명의 혜택을 입는 소수자(선진 제국의 사람들)에게 있어서도 근대는 반드시 전면적으로 환영받을 수 있는 것이 아니라는 것을 알게 되었다. 물질이 정신과 대체되었기 때문에 일어난 고통, 또는 인간성의 상실에 고뇌하지 않으면 안 되었기 때문이다. 그 충격은 이제 시작되었을 뿐이지만 차츰 증대하고 있다. 또 셋째로 근대문명은 인류 전체를 파멸의 위기로 몰아넣고 있다.

이와 같은 가운데서 과학기술은 어떤 역할을 해왔을까? 과학기술은 제 3세계(인류의 다수자)를 밑바닥으로 떨어뜨리기 위해 이용되어 왔다. 또 과학기술은 그 혜택을 입은 선진 여러 나라 사람들에게도 새로운 고통을 주고 있다. 인류멸망의 위기도 분명히 과학기술과 깊이 관련되어 있다. 「그러나 과학은 중성(中性)이다. 정치가 나쁜 것이다(사회가 나쁜 것이다). 과학자에게는 책임이 없다」라고 종래에는 말해 왔다.

과연 그럴까? 우리는 근대정치, 근대사상, 근대과학(특히 과학사상), 근대기술은 서로 강하게 관련되어 있다고 생각한다. 따라서 과학은 중성이라고는 생각하지 않는다.

근대과학의 한계

전체성의 무시

위대한 근대과학은 과학 연구의 범위로 한정하더라도 결코 만능이 아니었다. 근대과학에도 많은 결함이 있지만 두 가지 예를 들겠다.

하나는 앞에서도 언급한 근대과학에 있어서의 종합성의 결여를 구체적인 예를 통해서 제시하고 싶다.

「수술은 완벽했는데, 사람은 죽었다」라는 표현이 가장 단적으로 이런 사정을 말해주고 있다. 근대 서양의학은 신체의 어느 부분에 어떤 병이 있으며, 이것을 고치는 데는 물리적, 화학적으로 어떻게 대처하면 좋은가를 고찰한다. 어떤 약에 어떤 성분이 있으며, 신체의 어느 부분에 어떻게 듣는지를 추구한다. 분석적이며 과학적이지만, 분석적이기 때문에 생명을 갖는 신체의 전체를 망각하기 쉽다.

현대의학은 혼미를 계속하여 「병이 아니라 환자를 보아 달라」는 요망에 답하지 못하고 있다. 인도의 4세기의 의학의 경전 『스슐타』가 1971년에 간행되었을 때, 마루야마 씨는 이렇게 기술했다. 「근대세계의 선진국이라고 일컫는 나라의 의학계는 동양에서의 귀중한 역사적 의학유산을 무시하고 성립되었다」라고, 중국 의학의 예를 들어 말하겠다.

근대의학에 대비해서 중국 의학에 주목하면 분석적, 정량적인 점에서는 중국이 조금 떨어지지만, 중국 의학은 고대로부터 종합적인 견지에 서 있었다. 병 하나를 고치는 데 있어 신체 전체를 어떤 식으로 회복시킬 것인가를 검토하고 대처한다. 또 인간은 자연의 일부분에 지나지 않는다고 생각하여 자연에 순응해가는 것을 염두에 두었으며, 질병이 난 곳을 물리적, 화학적으로 치료하는 것이 아니라, 자연적인 치유력을 회복하는 데에 중점을 둔다. 근대과학이 신을 대신해서 자연현상의 모든 것을 또는 인간의 신체 전부를 분석적, 정량적으로 조절하려는 것과는 다르다. 그 우수한 점이 인정되어 최근에는 서양 의학에서 막다른 데 부딪친 치료를 한방약 또는 침질이나 뜸질 치료에서 구하는 예가 늘어나고 있다.

종합성 결여의 예로서, 또 한 가지 공해와 생태학의 문제를 말해 두겠다. 이를테면 1960년대까지는 식량 증산이라는 관점에서 해충을 구제하는 농약이 흔히 사용되었다. 일시적으로 식량이 늘어났을 것이라고 생각되지만, 그러나 그 때문에 잠자리, 나비, 개똥벌레 등의 익충이 모습을 감춰버렸다. 이른바 해충도 실은 대자연의 생태계의 중요한 일환이다. 그 해충이 전멸하면 자연생태계의 일각이 무너지고, 그 연쇄반응 속에서 많은 익충도 사멸하고 만 것이다. 또 해충구제의 농약은 자연을 보다 파괴했을 뿐 아니라, 식품공해의 한 근원이 되기도 했다. 이런 예는 종합적인 시야를 잃어버린 분석과학의 실패를 보여주고 있다.

이것을 깨닫고 대자연의 생태계 연구가 본격화된 것은 1970년대에 들어와서이다. 생태학이 각광받고 있는 것은 1970년대 이후의 과학의 한 조류를 가리키고 있다.

캐터스트라픽 이론의 의미

근대과학에는 많은 결함이 있는데 다음에는 두 번째 문제를 들겠다. 17세기 이래, 자연과학은 연속변화를 표현하는 미분방정식에 의존해 왔다고도 할 수 있다. 불연속변화가 전혀 무시되었다고 한다면 지나친 말일 것이다. 근대물리학의 선구가 된 양자론(量子論)은 미시세계의 비연속을 다루고 있으며, 거시세계의 불연속 현상도 전혀 연구되지 않았던 것은 아니다. 그러나 거시세계의 큰 변화를 표현하는 수학적 방법이 근대에 출현하지 않았다는 것도 사실이다. 그런데 자연계에는 갑작스러운 대변동이 현실로서는 너무나 많이 존재하고 있는 것이다.

이 갑작스러운 대변화를 표현하는 수학인 캐터스트라픽(Catastrophic) 이론[2]이 신대에 들어와서 겨우 모습을 나타내었다. 즉 모든 면에서 1970년대 이후의 새로운 시대(신대)는 1960년대 이전의 근대(500년간의 역사)와는 이질적인 역사시대인데, 과학사에 있어서도 같은 말을 할 수 있다(다만 그 전초적인 것은 1960년대 말기에 볼 수 있다).

그와 관련해서, 바야흐로 국제적으로 유명해진 '르네 톰(1923~2002)'이 수학전문지 『토폴로지』에 최초의 캐터스트라픽에 관한 논문을 발표한 것은 1968년이었다. 그리고 이 논문은 당시의 토폴로지학자들에게 경이적인 눈으로 주목되어, 무엇을 말하고 있는지 예상도 할 수 없다는 것이 그

---

2) 사전에 따르면 「캐터스트라픽」은 ① 갑자기 일어나는 광범위한 대변동, 이를테면 전쟁의 재해,
   ② 파국 또는 종말이며, 보통 불행한 일을 말한다. ③ 불행한 사건 등으로 되어 있다.

당시의 대체적인 평가였다. 이를테면 톰의 강력한 협력자가 된 '지맨'도 「처음에는 무엇을 말하는 것인지 몰랐지만, 한 줄 한 줄 음미하면서 읽어가는 동안에, 신선하고 강력한 이론이 거기에 숨 쉬고 있는 것을 차츰 알게 되었다」라고 말하고 있다.

1972년에 이르러, 겨우 캐터스트라픽 이론이 명백한 윤곽을 보이게 되었다. 하나는 캐터스트라픽 이론의 본격적인 응용인 지맨의 『심장 고동과 신경인펄스』라는 논문이 발표된 일이다. 당시의 학계의 분위기를 살피면 이 논문의 인쇄물이 나오자 앞을 다투어 읽혔다. 그리고 또 하나, 더 결정적인 것은 톰의 캐터스트라픽에 대한 최초의 책이 발간된 일이다.

이제는 분명해졌지만, 캐터스트라픽 이론을 적용하지 않으면 안 될 자연현상 및 사회현상이 너무나도 많다. 그 때문에 뉴턴 이래의 대발견이라고도 말하고 있다. 그리고 이와 같은 이론이 1970년대에 처음으로 등장한 사실은 위대한 근대과학에 얼마나 치명적인 결함이 있는가 하는 일단을 가르쳐주는 것이다.

근대과학을 논하는 관점

우리는 오늘날까지 근대과학이 두드러지게 뛰어났다고 교육받고 또 그렇게 인식해 왔다. 그러나 근대과학은 이슬람 과학의 기초 위에 세워졌다. 그저 단순하게 많은 과학지식을 이슬람 세계로부터 섭취했을 뿐 아니라, 근대과학 방법론의 성립, 발전에도 이슬람의 영향을 받았다. 왜냐하면 되풀이하지만 실험, 관측의 중시, 인과법칙, 정량적인 표현, 정연한 이론은

11세기의 알하젠의 광학의 연구 등에 이미 나타났던 것이다. 그것이 먼저 13세기의 영국학계에 계승되었다는 것은 4장에서 이미 말한 대로다. 그보다도 미신과 비합리에 충만했던 중세 유럽 세계에 합리주의를 도입시킨 것이 이슬람의 학문이었다. 이렇게 본다면 더욱 근대과학은 역사 속의 한 단계에 지나지 않는 것을 알게 된다.

역사 속의 근대과학에 대해서 올바르게 논하기 위해서는 고대과학이나 이슬람 과학이 어떤 것인지 논의하지 않으면 안 된다. 그러나 이 책의 성격과 규모를 웃도는 것이므로, 여기서는 거기까지 의도하고 있지 않지만, 다만 고대의 유라시아 문화 혁명기나 고대적 대제국시대에도 과학이 단기적으로 두드러지게 발달했었고, 비약적으로 진전한 것은 근대만이 아니라는 것을 다시 한번 강조해 두고 싶다.

그렇다면 앞으로 과학은 어떤 방향으로 나아가야 할까? 어떻게 해서 근대과학을 시정해 나가지 않으면 안 될까? 이와 같은 다양한 점에 대해 말할 지면이 없으므로 다음과 같이 한 면에만 초점을 맞춰보겠다.

근대과학을 넘어서서

전형으로서의 미우라 바이엔

「바이엔(三浦梅園)의 철학은 "반관통일(反觀統一)"의 철학이라 해도 된다. (중략) 그것은 마치 헤겔(1770~1831)의 철학을 "변증법철학"이라고 하는 것과 같다.」(三枝博音 저 「梅園哲學入門」)

「바이엔의 자연철학은 아무튼 헤겔의 자연철학에 비교해 볼 수 있을 만한 곳까지 갔다.」

「『현어(玄語)』(바이엔의 주저)의 "천부(天部)", "지부(地部)", 인부(人部)의 구조는 어쨌든 유럽에 그와 비슷한 예를 취하는 한 헤겔을 들지 않을 수 없다.」

『현어』가 완성된 것은 1775년이므로 헤겔의 변증법철학보다 30년이나 앞섰다. 그런데 괴상하게도 필자는 대학 강의 중에「헤겔의 이름을 알고 있는 사람은 손을 들라」고 하면 과반수의 학생이 손을 들었는데, 「미우라 바이엔(三浦梅園, 1723~1789)의 이름을 알고 있는 사람은?」하고 물으면, 한 사람도 손을 들지 않는다. 해마다 되풀이해 물어봐도 해마다 같다. 서양 일변도의 교사에게서 배워온 학생이므로 무리가 아닐지도 모르지만, 이 예는 일본 사람은 일본문화에 대해서 너무도 배우지 못하고 있다는 것을 말해주고 있다.

그림 69 | 미우라 바이엔

하물며 아시아의 문화에 대해서는 더욱 무지하다.[3] 그래서 우선 강조하고 싶은 것은 변증법철학은 서양에서만 발달한 것이 아니라, 인도와 중국에서 훨씬 전부터 발전해 있었고, 그 때문에 인도, 중국문화의 영향을 받은 일본조차도 헤겔적인 변증법철학이 서양보다 일찍 완성되어 있다. 이와 같은 참된 사상사(세계사상사라고 일컬을 만한 책은 아직 나와 있지 않다)에서 본다면, 서양의 변증법철학이 지극히 불완전하다는 것도 아시아 사람의 눈에서 본다면 오히려 당연한 일이다. 이를테면 근대일본 불교사에 위대한 공적을 세운 기요자와(清澤滿之, 1868~1903)는 이렇게 말하고 있다.

「다만 불타(佛陀)만이 일체지(一切知)의 안식에 의해 만유의 실상을 달관하여, 자재(自在)로 이것을 개설(開說)할 수 있을 뿐이다. 헤겔은 다만 사상의 전체가 고리를 이루어야 한다는 것을 깨달았다 하더라도, 그 개설에 있어서는 미류(迷謬)를 면치 못함은 철리(哲理)연구자가 인지할 수 있는 바니라.」

또 오늘날 바이엔연구회가 성립되어 많은 학자가 연구를 진행하고 있다. 다카하시 씨는 바이엔 철학은 헤겔 철학보다 더 뛰어났다고 지적하고 있다.

---

3) 「헤겔의 변증법철학 외에도 많은 기여를 하고 있으므로」라고 할지도 모르지만, 주된 원인은 역시 과거의 교육 때문일 것이다.

유와 무의 변증법

변증법에 관한 어려운 논의는 빼고, 여기서는 「유(有)」와 「무(無)」의 입장에서만 변증법 문제를 거론하겠다. 고대 그리스의 데모크리토스는 「어떤 것이라도 무에서는 생기지 않는다」고 늘 「유」를 기초로 하고 있다. 그리고 헤겔도 「그리스 이래의 무엇인가 형체가 있는 것만을 실존으로 하고, 형체

그림 70 | 니시다

가 있는 것에 모든 것을 통일해서 생각한다」는 「유의 입장」을 전제로 하고 있는 것이다. 그런데 동양에서는 「무」가 바닥에 있으며, 「무에서 모든 것이 생긴다」고 하고 있다. 다만 동양의 「무」라는 것은 올 낫싱(Nothing)이 아니라, 「형체가 없는 지묘한 것」을 뜻한다. 이와 같은 입장에서 파악하는 변증법이 헤겔, 마르크스의 변증법보다 훨씬 포괄하는 영역이 큰 것이다. 이를테면 니시다(1870~1945)는 이렇게 말하고 있다.

「형상(形相)은 유로 하고, 형성(形成)을 선(善)으로 하는 태서(泰西)문화의 현란한 발전에는 숭상해야 할 것, 배워야 할 것이 많다는 것은 말할 나위도 없으나, 수천 년 이래 우리가 자라온 동양문화의 근저에는 형체 없는 것의 형체를 보고, 소리 없는 것의 소리를 듣는다는 것이 숨어 있지 않을까. 우리의 마음은 어쨌든 이런 것을 찾아 그치지 않는다. 나는 이러한 요구에 철학적 근거를 부여하고 싶다고 생각한다.」(니시다 저서에서)

서양 철학이 「유의 입장」에서 논리를 구성하려 한 데 대해서, 니시다는

「무의 입장」에서의 논리화를 기도했던 것이다. 그러나 서양에서는 이와 같은 것을 신비주의라고 부르고 있었고, 신비주의는 학문으로서의 철학의 한계라고 보고 서양의 학문은 여기서 멈춘다.

서양 학문에서 종합적인 시도가 없었던 것은 아니다. 어느 정도의 종합화가 없으면 근대과학은 발전할 수 없었던 것이다. 헤겔의 변증법철학이나 엥겔스의 자연변증법은 위대한 종합을 지향한 예다. 그러나 동양사상의 입장에서 본다면, 서양(유럽)사상에 있어서의 종합화는 범위가 좁고 미진한 것이다. 원래 아시아는 광대했고, 또 역사가 오래인 데 반해서 유럽은 좁고 역사가 얕으므로(짧다), 동양사상에 더 깊은 학문상의 깊은 지식이 있는 것은 정상적인 관점에서 본다면 당연한 일이다.

실은 작은 유럽을 광대한(웅대한) 아시아와 비교해서 「서양 대 동양」이라는 용어를 빈번하게 쓴다는 것은 정상적이지 않다. 문명사의 단기간에 있어서(18~20세기에 있어서만) 적극적인 의의를 갖는 「동양 대 서양」이라는 용어[4] 를, 또 21세기가 되면 그다지 유효하지 않은 이 용어 를, 사실상 필자는 쓰고 싶지가 않다.

---

4) 21세기에는, 유럽은 다시 유라시아, 또는 세계의 한 작은 부분이 되리라 —오랜 인류 문명사에서 그러했듯이, 설사 미국을 포함하더라도 21세기에 서양문화는 세계의 숱한 문화의 하나에 불과하게 될 것이다.

보이는 것과 보이지 않는 것

「서양사상이 동양사상과 비교해서 천박하다는 것의 일단을 이미 지적했는데, 「미망(迷妄)의 고대, 중세에 대한 이성적(理性的)인 근대」라고 하는 일본학자의 종래의 사고에 전혀 근거가 없다고 하면 지나친 말이 될까. 만약 다음의 한 점을 보태지 않는다면 필자의 논리도 편파적인 것이라는 비난을 면치 못할 것이다. 즉 동양 철학에도 커다란 결함이 있었다. 이것을 니시다의 문장으로 표현한다면 「동양사상을 어디까지나 학문적으로 생각하려면, 그것을 기초할 수 있는 새로운 논리가 없으면 안 된다」, 「동양 철학은 논리적으로 무장되어 있지 못하기 때문에 원시적인 것이라고 말하더라도 어쩔 수 없지만, 서양과는 다른 데가 있다.」 이것을 잘 생각하면, 지금보다 더 심오한 것이 있다고 생각된다.

동양 철학이 비교적인 뜻에서 서양 철학보다 논리적으로 정비되어 있지 못했다는 것은 사실이지만, 좁고 역사가 얕은 서양보다 훨씬 깊고 풍부한 내용을 가지는 것도 또한 사실이다. 그리고 근대서양의 논리와 문명이 인류에게 실망을 주고, 인류를 멸망으로 내몰고 있는 현재, 오늘날 인류에게 광명을 주고 인류를 이끌어갈 사상은 풍요한 동양의 학문상의 깊은 지식 속에서 얻어질 것이다.

서양사상에 많은 결함이 있지만 지금까지의 논리 위에 서서 예를 하나 든다면, 근대과학의 관측수단을 통해서 직접 보이는 것만을 진실이라 하고, 보이지 않는 실존을 무시한 일이다. 이 보이지 않는 실존은 인간의 마음(인간성)에 깊이 관련되는 것이기 때문에 이것은 치명적인 결함이다. 보이는 실존 외에도 보이지 않는 실존도 엄존한다는 것을 알아야 한다.

보이지 않는 실존에도 법칙이 있고, 보이지 않는 법칙이라고 부를 수 있다. 그것은 종교를 뜻하느냐고 물을지도 모른다. 종교라는 말을 꺼린다면 다른 용어를 써도 상관없다. 첫째 종교와 과학 사이에 엄연한 구별이 있고, 종교는 과학에 반한다고 단언하는 것은 잘못이다. 이를테면 영국의 C. 헌프레즈는 이렇게 말하고 있다. 「일단 음미해보면, 불교는 종교라기보다는 오히려 정신의 철학이며, 생명에 대한 태도는 근대과학처럼 냉정하고 객관적이다.」

아무튼 인간성과 깊이 관련한 보이지 않는 실존(보이지 않는 법칙)을 파악하는 것이 중요하다. 지금 말하고 있는 점은 인문과학에서 더 중요하지만, 앞으로의 자연과학의 존재방법이나 그 진전 방향에도 관련되는 문제다. 또 보이지 않는 실존을 무시한 근대서양의 사고가 근대 문명(현대사회)에 준 충격은 주시해야 한다. 다음에 나카무라 씨의 문장의 일부분을 인용한다.

「산업 문명의 발달에 있어서 일본이 강점을 발휘한 것은 전통적인 생활관습의 적지 않은 부분을 그다지 저항 없이 버릴 수 있었던, 또는 잊어버릴 수 있었던 점이라 할 수 있을 것이다. 그러나 전통적인 생활관습을 안이하게 버린다는 것은 생활 그 자체를 버리는 일이며 파괴하는 일이다. 직선적인 능률의 세계에 몸을 내맡긴다는 것은 다면적인 의미의 세계 또는 장(場)을 잊어버리는 일이다.」

아시아문화의 복권

어느 나라, 어느 민족도 그렇지만, 고대로부터 그 속에 많은 미신이 섞여 있었던 것도 사실이나, 다면적인 보이지 않는 실존이 존중되어 왔다. 근대 후기에 있어서 보이지 않는 실존은 가치가 없다고 하여 잘라내 버렸다. 보이는 실존만이 존중되고, 다면적인 보이지 않는 실존은 버려져서 효율만을 추구하게 되었다. 또 앞에서도 언급했듯이, 이와 같은 근대 합리주의의 추구는 인간의 욕망을 한없이 증대시켜 다수의 인간과 자연을 희생해가는 것이다.

보이지 않는 실존을 중시한다는 일은, 근대문명의 암인 욕망의 조절을 가능하게 할 것이다. 이를테면 「불교에서는 금욕을 주장한다」라고 하지만 보이지 않는 실존을 존중하여, 이 방향으로 인간의 정신을 신장시켜 나간다면 무리하게 욕망을 억제하는 것이 아니라 자연히 욕망을 조절해가는 것이 되고, 한편 유익한 소망은 오히려 촉진해가는 것이 된다. 즉 보이지 않는 실존의 존중에 의해서, 바꿔 말하면 아시아문화의 부활[5] 에 의해서 더 인간다워질 것을 기대하는 것이다.

---

5) 옛날 형태가 그대로 부활하는 것이 아니라 근대과학에 의한 도태를 거쳐 정련된 형태로 부활하는 것이다.

부표 1 : 과학발흥 변천 도표

세계사	문명형성기		고 대 (아리아인과 한민족의 시대)			
		B.C. 1600	B.C. 600	B.C. 250 원년 200		
세계사	여러 문명의 탄생	유라시아 개척기	유라시아 문화혁명기	고대적 대제국 (제국전성기)		
과학사	오리엔트시대		동지중해 시대	고전과학 형성기	큰 저술시대	
	원시 과학의 발흥	수학, 천문학의 진보				
과학의 선전지역	메소포타 미아 이집트	메소포타 미아	동지중해	동지중해 중 국 인 도	이 집 트 중 국	

과학발흥의 곡선	
┼┼┼┼┼┼ 오리엔트	∙─∙─∙ 동지중해
──── 중 국	------- 이 슬 람

242

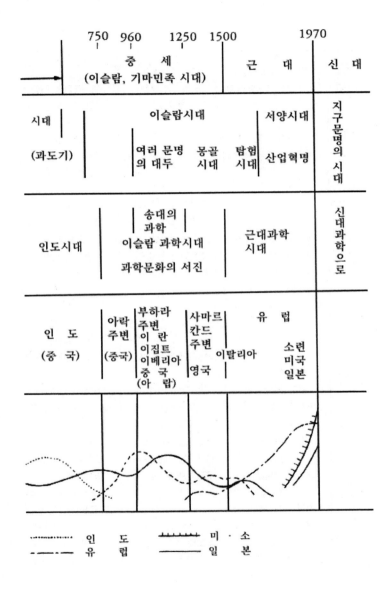

	750 960	1250 1500		1970
	중 세 (이슬람, 기마민족 시대)		근 대	신 대

시대 (과도기)	이슬람시대		서양시대	지구문명의 시대
	여러 문명 의 대두	몽골 시대	탐험 시대 산업혁명	

인도시대	송대의 과학 이슬람 과학시대 과학문화의 서진		근대과학 시대	신대과학으로

인 도 (중 국)	아락 주변 (중국)	부하라 주변 이 란 이집트 이베리아 중 국 (아 랍)	사마르 칸드 주변 이탈리아 영국	유 럽 소련 미국 일본

················· 인 도   +++++++ 미 · 소

——— 유 럽   ——— 일 본

부표 2 : 근대 개막 이전의 과학기술사 연표

	과학사	기술사	세계사
B.C. 3500	초기의 산수(오리엔트) 초기의 천문학(오리엔트)	쟁기의 사용 청동기의 출현 수레의 등장	도시국가의 탄생 이집트의 통일국가 인더스문명
B.C. 2000	여러 가지 수표(메소포타미아)		크레타문명 아리아인의 진출 은문명의 개화
B.C. 1200		철기혁명 기마가 시작되다 자석의 발견	
B.C. 500	논리적인 기하학(그리스) 오장육부설(중국) 아리스토텔레스의 생물학(그리스) 유클리드기하학(이집트)	지레의 응용 주철의 사용(중국) 톱니바퀴의 이용(서아시아)	쿠쉬제국(아프리카) 페르시아제국 불교의 탄생 유라시아 문명혁명 └과학 └철학 └고도종교 마우리아왕국
B.C. 200	인도 숫자(인도) 「구장산술」(중국) 「황제내경」(중국, 생리학) 「상한론」(중국, 의학) 프톨레마이오스의 천문학(이집트) 화타의 수술(중국) 「신농본초경」(중국) 삼각함수의 시작(인도) 원시적 만유인력론(인도)	물레방아의 등장(서아시아) 종이의 발명(중국) 자석의 지남성(중국) 거리 미터(중국, 로마) 시계 바늘(중국, 로마) 알루미늄 제련(중국) 고정등자(중앙아시아) 목판인쇄(중국) 최초의 화약(동로마)	한, 로마제국의 등장 실크로드의 실마리 그리스도교의 탄생 한제국의 멸망 로마제국의 쇠퇴 굽타제국의 발흥 기마민족의 세계 재패 고대적대제국의 멸망 실크로드의 상용화 당의 발흥
200			
750	동서과학이 아랍으로	흑색화약(중국)	동아시아 여러 나라 당의

	대수학, 삼각법의 연구(아랍)		법체를 따르다
			세라센제국의 흥망
			이슬람 문명의 개화
	화학반응의 연구(아랍)		
	「의학규범」(중앙아시아)	삼각돛(이슬람권)	일본문화의 개화
1000	기하광학(이집트)	활자 인쇄(중국)	터키인의 서진
	근대과학 방법론(이집트)	자침(중국)	유럽, 러시아 문명의
	인체해부도(중국)	화포(중국)	발족
	지질학과 고고학(중국)	「몽계필담」(중국)	중국(송)시민문화의 개화
1300	고차방정식의 해법(중국)	로켓(중국)	이슬람 과학문화
			유럽으로
	천문학의 진보(이슬람	금속활자(한국)	몽골제국의 흥망
	지역)	한함반(유럽)	
		금속활자의 개선(유럽)	동서항로의 발전(이슬람권)
1500			티무르제국의 흥망
			이슬람 구세계를 석권
			아시아항로의 계승,
			발전(포르투갈)
			신대륙항로의 부활(에스파냐)

	과학사	기술사	세계사
	태양중심설(코페르니쿠스)	우주관의 혁명(중세와 근대의 중간)	포르투갈 아시아 진출 오스만 터키의 팽창 바부르의 인도 침입(무굴제국의 발족)
	인체해부도(베잘리우스)	11세기 중국의 인체해부도 전파 과학과 신비주의 혼재	유럽의 종교개혁과 종교전쟁 러시아의 시베리아 진출 시작 네덜란드의 독립(민주혁명의 선구)
1600	낙체의 연구(갈릴레오) 태양계의 관찰(갈릴레오) 행성의 운동법칙(케플러)	브루노 태양중심설로 화형 베이컨 기술의 의의를 강조 학자와 장인이 합류(근대과학의 탄생)	도요토미 히데요시 일본을 통일 네덜란드와 영국, 아시아로 일본의 막번체제 시작
	혈액순환설(하비)	데카르트의 「방법서설」(과학방법론)	사파비왕조(이란)의 발흥
	근대화학의 선구(보일)	데카르트의 심신이원론(근대사상의 출발)	영국의 시민혁명
	원심력과 파동설(호이혼스)	기계적 자연관의 성립(역사적 우주관)	청이 중국 본토를 제압
	미생물의 발견(레우벤훅) 「프링키피아」(뉴턴)	고전역학의 확립(뉴턴역학) 로크의 인식론, 오성론	영국의 의회정치의 성립 타카의 반등락 실패(동서세력역전)
1700	「광학」(뉴턴)		무굴제국 쇠퇴(인도침략 본격화)
	동식물의 분류(린네)	산업혁명의 붕아 프랑스에 나타난 유물주의 기계적 자연관에 의한 과학의 진보 인간 정신사의 진보에 관하여 (츠르고, 단수진화론)	나디르 샤의 대정복 청 건륭제시대로(최전성기로) 일본산업의 발달 프랑스 계몽사상의 전개
	우주진화론(칸트) 수소, 질소, 산소의 발견 (영국 과학자) 질량보존의 법칙(라부아지에)	산업혁명 시작되다 변증법적 자연과 유럽에도 대두 미우라 바이엔의 「현어」(변증법)	영불의 7년 전쟁(대영제국의 신장) 일본문화의 백화제개 미국의 독립혁명

			기계공업 시작되다(자본주의
	지구과학의 대두(베르너,	유럽적 사회과학 시작되다	제2기로)
	하튼)		프랑스혁명(유럽에도 평등사
1800	전지의 발명(볼타)		상)
			청의 전제정치 파탄

부표 4 : 19세기 과학, 사상사 연표

	과학사	세계사
1803	원자설(돌턴)	생물학의 탄생(1802)
1811	분자설(아보가드로)	헤겔 철학의 전개(단순변증법)
		원자, 분자설의 등장
1820	전류의 자기작용(외르스테드)	자연과학의 영역 점차 확대
1828	유기화학의 시작(뵐러)	공상적 사회주의(생시몽 등)
1829	비유클리드기하학(로바체프스키)	순수수학 나타남(군론, 집합 등)
1830	「지질학원리」(라이엘)	
1838~	영양화학과 식물화의 발족(리비히)	
1838	「세포설」(슐라이덴)	자연과학의 여러 기초 이룩(~1840)
1840	에너지 보존법칙(마이어, 줄)	콩트의 실증철학
		변증법적 유물론의 성립(보이지 않는 실존의 무시)
		실존철학 나타남(키에르 케고르)
		공산주의 탄생(혁신과 유럽적 환상의 혼재)
1855~	생리학의 기초를 수립(베르나르)	에너지 보존법칙의 일반화(1848)
1857~	미생물의 연구(파스퇴르)	과학의 종합화시대(1850년대 전후)
1859	「종의 기원」(다윈)	마르크스의 「경제학비판」(1859)
1858~	음극선의 연구(플리커 등)	생물진화사상의 확립(다윈)
1864	전자기장의 기초방정식(맥스웰)	마르크스의 「자본론, 제1권」(1867)
1865	유전의 법칙 연구(멘델)	
1869	원소의 주기율(멘델레예프 등)	다위니즘의 침투(우승열패론-표층적진리)
1869	핵산의 발견과 성분의 분석(미셀)	변증법적 자연관의 확립(엥겔스)
1875~	유사분열의 연구(슈나이더 등)	세포핵(유전 등) 연구의 전조
1881	세균학의 확립(코흐)	생물과학의 형성으로
1885	원소 스펙트럼계열의 발견(발머)	물리학이 대전환기로
1888	전자기파의 실험적 증명(헤르츠)	프래그머티즘의 대두(미국에서)
1890	전자의 개념(스토니)	니체의 「권력의 의지」(근대문명의 맹점)
1891	원인(피테칸트로푸스)화석 발견(듀보아)	원자구조가 물리학의 과제가 되다
1895	X선의 발견(뢴트겐)	고전적 원자개념이 무너짐
1896	방사능의 발견(베크렐)	물리학의 위기 심각해지다
1896	무선통신(마르코니)	과학 만능사상 뚜렷해지다
1897	효소의 물질성 실증(부흐녤)	반근대사상도 점차 대두

부표 5 : 20세기 과학사 연표

1990	양자설(에너지의 불연속성, 플랑크)
1901	염색체와 유전에 대하여(몽고메리)
1902	단백질의 펩티드설(아미노산의 결합방식, 피셔 등)
	전리층설(전리층의 존재를 제언, 헤비사이드 등)
1904	2극진공관(검파, 플레밍)
1905	특수상대성이론(아인슈타인)
1906	베이클라이트를 만들다(최초의 플라스틱, 베이클랜드)
1907	3극진공관(증폭, 드 포레)
1911	원자핵의 발견(원자의 질량 99% 이상이 책에 집중, 러더퍼드)
1912	우주선의 확인(지구로 날아오는 소립자, 헤스)
1913	H-R도의 작성(항성의 진화이론, 라셀)
	갑상선 호르몬 발견(켄달)
1915	일반상대성이론(아인슈타인)
1917	「정신분석학 입문」(프로이트)
1920	고분자의 개념(고분자의 존재를 지적, 슈타우딩거)
	「인간의 형」(융)
1921	인슐린 발견(벤팅 등)
1922	일반상대성이론에 바탕을 둔 우주론(프리드만)
1924	전자파의 개념(전자의 입자성, 드 브로이)
	형성체의 발견(생물체 내의 분화에 실마리, 슈페만)
	오스트랄로피테쿠스(원인) 화석 발견(다트)
1925	매트릭스 역학(양자역학의 발족, 하이젠베르크)
	파동역학(전자파의 역학, 슈뢰딩거)
	백색왜성의 발견(아담즈)
1926	효소의 결정화(효소=단백질이 밝혀지다. 샘너)
1927	전자의 파동성 실험(데이비슨 등)
	불확정성 원리(미시세계의 법칙, 하이젠베르크)
	양자역학 이론(이론적으로 통일, 디랙)
	양자화학의 발족(수소분자 이론, 하이틀러 등)
	먹이연쇄의 연구(생태계 내의 먹고 먹히는 연쇄반응, 엘턴)
	베이징원인의 화석발굴(블랙 등)
1928	

	밴드 이론(양자역학에 의한 금속구조 해명, 브로호)
	페니실린 발견(최초의 항생물질, 플레밍)
1929	뇌파의 발견(베르거)
	장이론의 발족(소립자론의 시작, 파울리 등)
1930	ATP 발견(생체의 에너지 단위, 마이어호프)
	사이클로트론 고안(양성자의 가속장치, 로렌스)
1931	혈액형 발견(랜드스타이너)
1932	우주전파 발견(잔 스키)
	중성자 발견(채드윅)
1934	양전자 발견(전자의 반입자, 앤더슨)
	인공방사능 발견(졸리오-퀴리)
1935	초신성 이론(바데 등)
	중간자론(핵자 간에 작용하는 핵력의 원천, 유가와 히데키)
	바이러스의 추출(바이러스의 결정화, 스탠리)
	나일론의 발명(최초의 화학합성섬유, 캐러더스)
1937	압인 현상 발견(탄생 직후의 정보 입력의 영향, 로렌츠)
1938	중간자의 발견(유가와가 예언한 입자 확인, 앤더슨 등)
	우라늄핵분열의 발견(분열반응 해명, 한 등)
	항성의 융합반응 이론(항성의 에너지원, 베테)
1939	전자현미경의 등장(광학현미경을 1,000배 웃돌다)
1940	근육수축과 ATP 분해(생물의 운동 에너지 해명, 엥겔하트)
1941	항체항원반응 이론(폴링)
1942	세균의 유전형질 전환(에이비리 등)
1944	2중간자론(유가와 중간자와 다른 중간자의 예언, 사카다 쇼이치)
1945	태양계기원의 신성론(호일)
	원자폭탄의 출현(미국)
1946	싱크트론(양성자의 가속장치, 맥밀런 등)
1947	컴퓨터의 탄생(펜실베이니아대학)
	재규격화 이론(소립자론의 진보, 도모나가 신이치로 등)
1948	새입자(V입자)의 발견(우주선으로부터, 파웰 등)
1949	트랜지스터(쇼클리 등)
1950	원자핵의 껍질구조(핵의 뜻밖의 구조, 마이어 등)
1952	단백질분자의 구상설(큰 단백질분자는 타원구, 폴링)

1953	수소폭탄의 출현(미국)
1954	핵산 DNA의 구조해명(왓슨, 크릭)
	인슐린분자(단백질)의 구조결정(생거)
1955	신장이식 성공(미국)
	반양성자 발견(세그레 등)
	메이저(마이크로파의 증폭, 타운즈)
1956	핵융합의 평화적 이용 연구 활발
	소립자의 복합 모형(사카다 쇼이치)
1957	초전도 이론(극저온에서의 전기전도를 설명, 바덴 등)
	DNA 염기와 아미노산 정보의 대응(정보축적 기구, 가모프 등)
1958	최초의 인공위성(스푸트닉 1호, 소련)
	에사키다이오드(특수 반도체 다이오드, 에사키 레오나)
1959	달의 뒷면 촬영(루나 3호, 소련)
	IC(직접회로)의 출현(미국)
1960	단백질합성 기구(DNA 정보의 전달방식, 호글랜드)
	레이저(빛의 증폭법, 퓨즈회사)
1961	새입자의 들뜬 상태 다수 발견(미국)
	최초의 인간위성(보스톡 1호, 소련)
	DNA 정보 해독(호글랜드 등의 이론을 실증, 니렌버그 등)
1962	헤모글로빈 구조의 결정(켄드류 등)
1963	금성의 표면측정(온도, 자기장 등, 미국)
1964	준성의 발견(팔로마산 천문대)
	IC 사용 컴퓨터(IBM회사)
1965	호모 하빌리스 발견(300만 년 전의 원인, 리키)
	레프레서 이론(DNA 정보 복사 조절, 자곱 등)
1967~	화성 표면 촬영에 성공(미국)
	효소를 이용하여 파지(바이러스)의 DNA를 합성(콘버그 등)
	중성자별의 발견(퓨위쉬 등)
1968~	심장이식의 파문(바나드 등)
1969	LSI의 등장(대규모 IC, 미국)
1970~	최초의 달 착륙(미국)
	블랙홀 암식

이 책은 일본 고단사(講談社)가 발행한 샤 세이키의 책을 번역한 것이다.

오늘날 과학사의 연구는 세계적으로 점차 열을 더해가고 있지만, 과학사 연구의 중심지가 역시 유럽과 미국, 그리고 소련 등이므로 연구 내용이나 서술방법이 언제나 서양 중심으로 흘러가 편견을 벗어나지 못하고 있는 실정이다. 그러므로 아시아 지역의 과학은 세계 과학사 속에서 지나치게 소외당하고 있다.

그런데 저자 샤 세이키는 서문에서도 밝힌 바와 같이 전통적인 서양 중심의 과학사 연구방법을 과감하게 탈피하여 서양과학 일변도에서 벗어나 아랍, 인도, 중국의 과학을 최대한으로 이 책에서 소개했다. 따라서 종래의 과학사 책과는 패턴이 다르며, 극히 이색적이라 할 수 있다.

그뿐만 아니다. 저자는 이 책을 저술하는 데 있어서 과학사 문제만을 대상으로 한 것이 아니라, 思想史, 文明史, 世界史의 여러 문제와도 깊이 관련을 지으면서 기술하고 있다. 그러므로 과학사뿐만이 아니라 사상사와 일반사에 관심을 두고 있는 독자에게도 많은 도움을 줄 것으로 생각한다.

또 그는 본문에서 많은 참고문헌을 소개하면서, 그 내용의 일부를 인용, 해설함으로써 독자의 시야를 넓혀주고 있으며, 과학사 연구자에게 새로운 연구 방향을 은근히 제시해주고 있다. 다만 위의 참고문헌들을 역서에서는 낱낱이 계기하지 못한 점을 이해해주기 바란다. 그리고 내용 중, 고대과학사를 보는 새로운 관점(2장), 중세 아시아 과학의 영광(3장), 아시아 과학 문명의 유산(4장), 아시아 과학 문명의 영광과 좌절(6장)은 저자의 독보적인 견해라고도 생각된다. 그리고 이 점이 이 책의 특징이라 생각된다.

끝으로 저자는 과학의 본질, 과학과 정치, 과학과 사회, 과학과 종교 등을 중심으로 과학 비판에까지 손을 댄 흔적이 엿보인다.

이상과 같은 특이한 내용에 호감을 가지고 이 책을 번역했다. 이 번역서가 독자에게 새로운 비견을 조금이나마 갖게 했다면, 역자들은 그 이상 기쁠 수가 없을 것이다. 그리고 바쁘시고 어려운 여건 속에서도 틈을 내어 번역의 수고를 함께 하신 전파과학사 손영수 씨와 이 기쁨을 함께 나눈다.

원저자는 약 70여 점의 참고문헌을 들었으나 이 책에서는 사정상 생략했음을 밝혀 둔다(역자).

도서목록
현대과학신서

A1 일반상대론의 물리적 기초
A2 아인슈타인 I
A3 아인슈타인 II
A4 미지의 세계로의 여행
A5 천재의 정신병리
A6 자석 이야기
A7 러더퍼드와 원자의 본질
A9 중력
A10 중국과학의 사상
A11 재미있는 물리실험
A12 물리학이란 무엇인가
A13 불교와 자연과학
A14 대륙은 움직인다
A15 대륙은 살아있다
A16 창조 공학
A17 분자생물학 입문 I
A18 물
A19 재미있는 물리학 I
A20 재미있는 물리학 II
A21 우리가 처음은 아니다
A22 바이러스의 세계
A23 탐구학습 과학실험
A24 과학사의 뒷얘기 1
A25 과학사의 뒷얘기 2
A26 과학사의 뒷얘기 3
A27 과학사의 뒷얘기 4
A28 공간의 역사
A29 물리학을 뒤흔든 30년
A30 별의 물리
A31 신소재 혁명
A32 현대과학의 기독교적 이해
A33 서양과학사

A34 생명의 뿌리
A35 물리학사
A36 자기개발법
A37 양자전자공학
A38 과학 재능의 교육
A39 마찰 이야기
A40 지질학, 지구사 그리고 인류
A41 레이저 이야기
A42 생명의 기원
A43 공기의 탐구
A44 바이오 센서
A45 동물의 사회행동
A46 아이작 뉴턴
A47 생물학사
A48 레이저와 홀러그러피
A49 처음 3분간
A50 종교와 과학
A51 물리철학
A52 화학과 범죄
A53 수학의 약점
A54 생명이란 무엇인가
A55 양자역학의 세계상
A56 일본인과 근대과학
A57 호르몬
A58 생활 속의 화학
A59 셈과 사람과 컴퓨터
A60 우리가 먹는 화학물질
A61 물리법칙의 특성
A62 진화
A63 아시모프의 천문학 입문
A64 잃어버린 장
A65 별·은하·우주

도서목록
BLUE BACKS

1. 광합성의 세계
2. 원자핵의 세계
3. 맥스웰의 도깨비
4. 원소란 무엇인가
5. 4차원의 세계
6. 우주란 무엇인가
7. 지구란 무엇인가
8. 새로운 생물학(품절)
9. 마이컴의 제작법(절판)
10. 과학사의 새로운 관점
11. 생명의 물리학(품절)
12. 인류가 나타난 날 I (품절)
13. 인류가 나타난 날 II (품절)
14. 잠이란 무엇인가
15. 양자역학의 세계
16. 생명합성에의 길(품절)
17. 상대론적 우주론
18. 신체의 소사전
19. 생명의 탄생(품절)
20. 인간 영양학(절판)
21. 식물의 병(절판)
22. 물성물리학의 세계
23. 물리학의 재발견〈상〉
24. 생명을 만드는 물질
25. 물이란 무엇인가(품절)
26. 촉매란 무엇인가(품절)
27. 기계의 재발견
28. 공간학에의 초대(품절)
29. 행성과 생명(품절)
30. 구급의학 입문(절판)
31. 물리학의 재발견〈하〉
32. 열 번째 행성
33. 수의 장난감상자
34. 전파기술에의 초대
35. 유전독물
36. 인터페론이란 무엇인가
37. 쿼크
38. 전파기술입문
39. 유전자에 관한 50가지 기초지식
40. 4차원 문답
41. 과학적 트레이닝(절판)
42. 소립자론의 세계
43. 쉬운 역학 교실(품절)
44. 전자기파란 무엇인가
45. 초광속입자 타키온
46. 파인 세라믹스
47. 아인슈타인의 생애
48. 식물의 섹스
49. 바이오 테크놀러지
50. 새로운 화학
51. 나는 전자이다
52. 분자생물학 입문
53. 유전자가 말하는 생명의 모습
54. 분체의 과학(품절)
55. 섹스 사이언스
56. 교실에서 못 배우는 식물이야기(품절)
57. 화학이 좋아지는 책
58. 유기화학이 좋아지는 책
59. 노화는 왜 일어나는가
60. 리더십의 과학(절판)
61. DNA학 입문
62. 아몰퍼스
63. 안테나의 과학
64. 방정식의 이해와 해법

65. 단백질이란 무엇인가
66. 자석의 ABC
67. 물리학의 ABC
68. 천체관측 가이드(품절)
69. 노벨상으로 말하는 20세기 물리학
70. 지능이란 무엇인가
71. 과학자와 기독교(품절)
72. 알기 쉬운 양자론
73. 전자기학의 ABC
74. 세포의 사회(품절)
75. 산수 100가지 난문·기문
76. 반물질의 세계
77. 생체막이란 무엇인가(품절)
78. 빛으로 말하는 현대물리학
79. 소사전·미생물의 수첩(품절)
80. 새로운 유기화학(품절)
81. 중성자 물리의 세계
82. 초고진공이 여는 세계
83. 프랑스 혁명과 수학자들
84. 초전도란 무엇인가
85. 괴담의 과학(품절)
86. 전파는 위험하지 않은가
87. 과학자는 왜 선취권을 노리는가?
88. 플라스마의 세계
89. 머리가 좋아지는 영양학
90. 수학 질문 상자
91. 컴퓨터 그래픽의 세계
92. 퍼스컴 통계학 입문
93. OS/2로의 초대
94. 분리의 과학
95. 바다 야채96. 잃어버린 세계·과학의 여행
97. 식물 바이오 테크놀러지
98. 새로운 양자생물학(품절)

99. 꿈의 신소재·기능성 고분자
100. 바이오 테크놀러지 용어사전
101. Quick C 첫걸음
102. 지식공학 입문
103. 퍼스컴으로 즐기는 수학
104. PC통신 입문
105. RNA 이야기
106. 인공지능의 ABC
107. 진화론이 변하고 있다
108. 지구의 수호신·성충권 오존
109. MS-Window란 무엇인가
110. 오답으로부터 배운다
111. PC C언어 입문
112. 시간의 불가사의
113. 뇌사란 무엇인가?
114. 세라믹 센서
115. PC LAN은 무엇인가?
116. 생물물리의 최전선
117. 사람은 방사선에 왜 약한가?
118. 신기한 화학 매직
119. 모터를 알기 쉽게 배운다
120. 상대론의 ABC
121. 수학기피증의 진찰실
122. 방사능을 생각한다
123. 조리요령의 과학
124. 앞을 내다보는 통계학
125. 원주율 π의 불가사의
126. 마취의 과학
127. 양자우주를 엿보다
128. 카오스와 프랙털
129. 뇌 100가지 새로운 지식
130. 만화수학 소사전
131. 화학사 상식을 다시보다

132. 17억 년 전의 원자로
133. 다리의 모든 것
134. 식물의 생명상
135. 수학 아직 이러한 것을 모른다
136. 우리 주변의 화학물질
137. 교실에서 가르쳐주지 않는 지구이야기
138. 죽음을 초월하는 마음의 과학
139. 화학 재치문답
140. 공룡은 어떤 생물이었나
141. 시세를 연구한다
142. 스트레스와 면역
143. 나는 효소이다
144. 이기적인 유전자란 무엇인가
145. 인재는 불량사원에서 찾아라
146. 기능성 식품의 경이
147. 바이오 식품의 경이
148. 몸 속의 원소 여행
149. 궁극의 가속기 SSC와 21세기 물리학
150. 지구환경의 참과 거짓
151. 중성미자 천문학
152. 제2의 지구란 있는가
153. 아이는 이처럼 지쳐 있다
154. 중국의학에서 본 병 아닌 병
155. 화학이 만든 놀라운 기능재료
156. 수학 퍼즐 랜드
157. PC로 도전하는 원주율
158. 대인 관계의 심리학
159. PC로 즐기는 물리 시뮬레이션
160. 대인관계의 심리학
161. 화학반응은 왜 일어나는가
162. 한방의 과학
163. 초능력과 기의 수수께끼에 도전한다
164. 과학•재미있는 질문 상자

165. 컴퓨터 바이러스
166. 산수 100가지 난문•기문 3
167. 속산 100의 테크닉
168. 에너지로 말하는 현대 물리학
169. 전철 안에서도 할 수 있는 정보처리
170. 슈퍼파워 효소의 경이
171. 화학 오답집
172. 태양전지를 익숙하게 다룬다
173. 무리수의 불가사의
174. 과일의 박물학
175. 응용초전도
176. 무한의 불가사의
177. 전기란 무엇인가
178. 0의 불가사의
179. 솔리톤이란 무엇인가?
180. 여자의 뇌•남자의 뇌
181. 심장병을 예방하자